《鲍曼不动杆菌的感染与防控》
著者名单

曾　红（右江民族医学院）

李雨龙（右江民族医学院）

韦抒芸（右江民族医学院）

陆　晴（右江民族医学院）

徐丁辉（右江民族医学院）

梁　珍（右江民族医学院）

鲍曼不动杆菌的感染与防控

曾红 等 ◎ 著

BAOMANBUDONGGANJUN DE
GANRAN YU FANGKONG

中国农业科学技术出版社

图书在版编目(CIP)数据

鲍曼不动杆菌的感染与防控 / 曾红等著. -- 北京：中国农业科学技术出版社, 2025.5. --ISBN 978-7-5116-7368-8

Ⅰ.Q939.1

中国国家版本馆 CIP 数据核字第 2025XC3853 号

责任编辑　张国锋
责任校对　李向荣
责任印制　姜义伟　王思文

出 版 者	中国农业科学技术出版社
	北京市中关村南大街 12 号　邮编：100081
电　　话	(010) 82109705 (编辑室)　(010) 82106624 (发行部)
	(010) 82109709 (读者服务部)
网　　址	https://castp.caas.cn
经 销 者	各地新华书店
印 刷 者	北京建宏印刷有限公司
开　　本	148 mm×210 mm　1/32
印　　张	4.5
字　　数	130 千字
版　　次	2025 年 5 月第 1 版　2025 年 5 月第 1 次印刷
定　　价	60.00 元

◁◁◁ 版权所有·翻印必究 ▷▷▷

前　言

随着现代医学的飞速发展，医院呼吸疾病感染问题日益凸显，尤其是多重耐药菌的传播与感染已成为全球公共卫生领域的重大挑战。其中，鲍曼不动杆菌（Acinetobacter baumannii）作为一种重要的条件致病菌，因其极强的环境适应能力、耐药性以及易形成生物膜等特点，成为医院感染防控中的难点和重点。鲍曼不动杆菌感染不仅增加了患者的治疗难度和医疗成本，还显著提高了患者的发病率和死亡率。因此，深入研究鲍曼不动杆菌的感染特点、致病机制及防控策略，对于有效控制其传播、降低感染率具有重要意义。

本书旨在系统梳理鲍曼不动杆菌的相关研究进展，结合临床实践和最新科研成果，为临床医生、科研工作者以及公共卫生从业人员提供一本全面、实用的参考书。全书共分为九章，内容涵盖鲍曼不动杆菌的感染特点、感染类型、致病机制、生物膜形成与耐药性、群感效应、临床治疗药物、中药防治、挥发油类防治以及益生菌防治等多个方面。通过对这些内容的深入探讨，希望能够为读者提供全面的理论支持和实践指导，助力鲍曼不动杆菌感染的防控工作。

本书第 1 章由徐丁辉编写，详细介绍了鲍曼不动杆菌的感染特点，包括其流行病学特征、易感人群及感染的高危因素。第 2 章、第 3 章由李雨龙编写，第 2 章进一步分析了鲍曼不动杆菌的感染类型，如呼吸道感染、血流感染、泌尿系统感染等，帮助读者全面了解其临床表现和危害。第 3 章深入探讨了鲍曼不动杆菌的致病机制，揭示其如何在宿主体内引发感染并逃避宿主免疫系统的攻击。

第 4 章由徐丁辉编写，第 5 章由陆晴编写，这两章分别从生物膜形成和群感效应的角度，解析了鲍曼不动杆菌耐药性产生和传播的分子机制。第 6 章由陆晴编写，重点介绍了目前临床上用于治疗鲍曼不动杆菌感染的常见药物，包括抗生素的选择、联合用药策略以及新型抗菌药物的研发进展。第 7 章由韦抒芸编写，第 8 章由梁珍编写，这两章则分别从中药和挥发油类的角度，探讨了传统医学和天然产物在鲍曼不动杆菌防治中的应用潜力。第 9 章由梁珍编写，介绍了益生菌在防治鲍曼不动杆菌感染中的研究进展，为读者提供了新的防控思路。

本书的编写得到了多位专家学者的支持和帮助，在此表示衷心的感谢。感谢 2023 年广西学位与研究生教育改革项目-"课程思政-科研反哺-研究专题"式《高级医学微生物学》（JGY2023285）的支持。同时，我们也希望本书能够为从事鲍曼不动杆菌研究和防控工作的同仁提供有益的参考，共同推动这一领域的发展。由于鲍曼不动杆菌的研究日新月异，书中难免存在不足之处，恳请读者批评指正。

最后，愿本书能够为鲍曼不动杆菌感染的防控工作贡献一份力量，助力医疗工作者更好地应对这一全球性挑战。

著 者

2025 年 2 月

目　录

第1章　鲍曼不动杆菌的感染特点……………………………1
　一、鲍曼不动杆菌的历史与分类………………………2
　二、鲍曼不动杆菌的全球流行状况……………………3
　三、流行病学调查及感染分类…………………………4
　四、研究的重要性与挑战………………………………6
第2章　鲍曼不动杆菌的感染类型……………………………8
　一、医院获得性肺炎……………………………………9
　二、血流感染……………………………………………10
　三、中枢神经系统感染…………………………………11
　四、泌尿系统感染………………………………………13
　五、皮肤软组织感染……………………………………14
第3章　鲍曼不动杆菌的致病机制……………………………21
　一、菌体与宿主细胞黏附………………………………22
　二、生物膜的形成………………………………………27
第4章　鲍曼不动杆菌生物膜形成及耐药性…………………36
　一、生物膜的形成过程…………………………………37
　二、生物膜形成机制……………………………………38
　三、鲍曼不动杆菌耐药现状……………………………39
　四、生物膜耐药机制……………………………………43
第5章　鲍曼不动杆菌群感效应与耐药性……………………47
　一、鲍曼不动杆菌群感效应……………………………47
　二、耐药性………………………………………………49

第6章 鲍曼不动杆菌治疗的临床药物 ·············· 54
一、β-内酰胺酶抑制剂复合制剂 ·············· 54
二、碳青霉烯类 ·············· 55
三、多黏菌素类 ·············· 56
四、氨基糖苷类 ·············· 57
五、四环素类 ·············· 58

第7章 中药防治鲍曼不动杆菌进展 ·············· 63
一、中药抗菌 ·············· 63
二、中药抑制鲍曼不动杆菌的有效成分 ·············· 71
三、中药防治鲍曼不动杆菌的机制 ·············· 74

第8章 挥发油类防治鲍曼不动杆菌进展 ·············· 87
一、不同植物精油对鲍曼不动杆菌的抗菌作用 ·············· 88
二、植物精油对鲍曼不动杆菌的抗菌机制 ·············· 90
三、鲍曼不动杆菌的植物精油免疫相关抗菌机制 ·············· 96
四、展望 ·············· 97

第9章 益生菌防治鲍曼不动杆菌进展 ·············· 124
一、对中药成分结构修饰及活性改变 ·············· 125
二、对抗菌活性的影响 ·············· 126
三、对炎症因子和免疫调节的影响 ·············· 127
四、对肠道菌群的影响 ·············· 128

第1章 鲍曼不动杆菌的感染特点

鲍曼不动杆菌（*Acinetobacter baumannii*）作为医院内感染的主要病原菌之一，其多重耐药性（MDR）、广泛耐药性（XDR）和全耐药性（PDR）菌株的流行，对全球公共卫生构成了严重威胁。本章旨在阐述鲍曼不动杆菌的感染特点，以期为临床提供更有效的防治指导。

不动杆菌属（*Acinetobacter*）由 Brisou 等人于 1954 年提出菌属概念，并由 Baumann 等人于 1968 年确认其表型特征。鲍曼不动杆菌作为该属的代表，在过去 30 年中因显著的获得性耐药能力而成为全球关注的病原微生物之一。该菌株威胁住院患者，尤其是那些脆弱的和有严重呼吸道疾病的患者。由于其具有显著的获得性耐药能力，使其成为威胁当前抗生素的病原微生物之一，也是所有国家的医院内感染的主要原因之一。目前出现对所有已知抗生素有抗性的鲍曼不动杆菌菌株，已引起世界卫生组织的高度重视。该菌通常针对最脆弱的住院患者和严重呼吸道疾病患者。根据回顾性的研究报告，医院获得性肺炎仍是由该病原微生物引起的最常见的感染。最近，涉及中枢神经系统、皮肤、软组织和骨的感染已经出现，这将对医疗机构造成严重威胁。目前有研究认为广谱抗菌药物和免疫抑制剂的广泛应用，可诱导细菌基因发生改变形成多重耐药鲍曼不动杆菌（multidrug-resistant *Acinetobacter baumannii*，MDR-AB），其耐药机制为产 OXA 型碳青霉烯酶，抗生素作用靶位变异，细菌生物被膜的形成和外排泵基因的影响。面对 MDR-AB 院内快速传播的严峻医疗形势，我们应该正确认识鲍曼不动杆菌的感染特点并加强医院感控管理，联合应用抗菌药物和细菌疫苗的研究，为临床上防治 MDR-AB 的产生提供治疗方向[1]。

一、鲍曼不动杆菌的历史与分类

鲍曼不动杆菌（Acinetobacter baumannii）的历史可以追溯到 20 世纪初，1911 年 Beijerinck 首次从土壤中分离出这种细菌，并将其命名为 Micrococcus calcoaceticus。1968 年，Baumann 等人通过全面调查，正式将这类细菌命名为 Acinetobacter 属，强调了之前已识别的物种之间的关系，并将它们统一归类为 Acinetobacter 属。20 世纪 80 年代，鲍曼不动杆菌的临床重要性开始显现，其在医院环境中的传播能力逐渐增加，成为引起肺炎、烧伤部位感染和伤口感染的重要病原体。随着抗生素的广泛使用，鲍曼不动杆菌的耐药性问题日益严重，1985 年在苏格兰首次发现对碳青霉烯类抗生素耐药的菌株，此后耐药菌株在全球范围内迅速传播，成为医院获得性感染中的重要威胁。在分类上，鲍曼不动杆菌是一种革兰氏阴性、需氧、催化酶阳性、氧化酶阴性、不发酵糖类、非运动性的细菌，其 DNA G+C 含量在 39% 到 47%[2]。截至 2019 年，Acinetobacter 属已识别出 59 个物种，其中 11 个有正式名称，15 个正在进一步讨论中。鲍曼不动杆菌属于 Acinetobacter calcoaceticus-baumannii 复合群，该复合群还包括 A. pittii、A. nosocomialis 和 A. calcoaceticus。在诊断培养中，鲍曼不动杆菌可以在羊血琼脂和胰酪大豆琼脂上培养，形成灰白色、光滑、黏液状的菌落。Bouvet 和 Grimont 基于 DNA-DNA 杂交研究，将 Acinetobacter 属分为 12 个 DNA 组/基因种，这些基因种包括 A. baumannii、A. calcoaceticus、A. johnsonii、A. junii、A. haemolyticus 和 A. lwoffii 等。

二、鲍曼不动杆菌的全球流行状况

根据欧洲抗菌药物耐药性监测网络（EARS-Net）的数据，包括29个欧洲国家在内的监测显示，被监测的革兰氏阴性病原体的抗药性普遍增加。在美国，疾病控制与预防中心（CDC）国家医院感染监测系统和国家医疗安全网络报告的数据反映了由多重耐药革兰氏阳性细菌（MDR-GNB）引起的感染率在增加，其中65%的鲍曼不动杆菌分离株符合MDR标准。

在2018年，EARS-Net报告称，超过一半的鲍曼不动杆菌分离株对至少一类抗菌药物组存在耐药性（56.7%）。不同国家之间的抗药性百分比存在较大差异，南欧和东欧报告的抗药性百分比高于北欧。在所有被EARS-Net监测的微生物中，鲍曼不动杆菌是抗药性百分比国家间变异最大的，范围为0到96.1%不等。

鲍曼不动杆菌的感染预防和控制（IPC）措施在不同国家以及国家内部的应用差异很大。2013年欧洲对产碳青霉烯酶肠杆菌科细菌（EuSCAPE）项目的调查突出表明，并非所有欧盟（EU）和欧洲经济区（EEA）国家都常规进行CR Ab病例的监测和报告。在欧盟/欧洲经济区30个国家中，只有21个国家进行了CR Ab的监测，只有2个国家有关于防止CR Ab传播的IPC措施的国家建议或指南[3]。

在最近的一项涉及29个国家的元分析中，导致医院获得性肺炎和呼吸机相关肺炎的鲍曼不动杆菌中MDR表型的流行率接近80%。中美洲、拉丁美洲和加勒比地区的流行率最高，而东亚最低。

鲍曼不动杆菌是一种导致医院内感染的主要病原体，严重威胁公共卫生。这种机会性病原体的强大适应性和抗药性阻碍了抗微生物疗法的发展，导致治疗选择非常有限。全球范围内，对碳青霉烯类抗生素耐药的鲍曼不动杆菌在亚洲和美洲广泛分布。

综上所述，鲍曼不动杆菌在全球范围内广泛分布，尤其在医院环境中。它已成为重症监护病房（ICU）中最常见的医院获得性感染病原体之一。由于其多重耐药性，感染鲍曼不动杆菌的治疗变得极为困难，导致患者死亡率增加和医疗成本上升。除此之外，鲍曼不动杆菌的全球流行状况显示出明显的地域差异，并且其多重耐药性在全球范围内构成了重大的公共卫生挑战，对鲍曼不动杆菌进行有效监测、控制和研究迫在眉睫。

研究鲍曼不动杆菌的感染特点对于制定有效的感染控制策略和治疗措施至关重要。然而，由于其复杂的耐药机制和快速的耐药性发展，研究工作面临着巨大的挑战。

三、流行病学调查及感染分类

全球某些地区鲍曼不动杆菌对碳青霉烯类的耐药率超过90%，且鲍曼不动杆菌引起的医院获得性肺炎和血流感染的死亡率高达60%。在2018年，由鲍曼不动杆菌导致的疾病在美国和欧洲约占疾病的2%，而在亚洲和中东地区这一比例几乎是美国和欧洲的两倍。鲍曼不动杆菌引起的感染比其他革兰氏阴性病原体更常见，且其耐药菌株的比例约为45%，是其他革兰氏阳性病原体（如肺炎克雷伯菌和铜绿假单胞菌）的4倍，在拉丁美洲和中东地区，这一比例可能高达70%。

鲍曼不动杆菌主要在医院环境中传播，尤其在新生儿和成人重症监护病房、烧伤/神经外科、外科、内科和肿瘤科病房等。它常引起呼吸道（咽喉、气管或支气管）、血流和中枢神经系统的感染，还与导管相关尿路感染和外科手术部位的皮肤及组织感染有关。据美国疾病控制与预防中心（CDC）和预防保健安全网络的研究数据，鲍曼不动杆菌引起的医院获得性感染在机械通气相关肺炎（VAP）中占84%，在中心静脉导管引起的血流感染中占22%，在导尿管引起的尿路感染中占12%，在外科伤口感染中占6%。

鲍曼不动杆菌可以通过多种途径在医院内传播。它可以在患者环境中的一些物品表面生存，如床帘、家具、水槽以及各种医疗设备，如动脉压监测器、呼吸机管道和湿化器等。虽然细菌可以通过空气或患者皮肤定植传播，但主要的传播途径是通过医护人员的手（图1-1）。

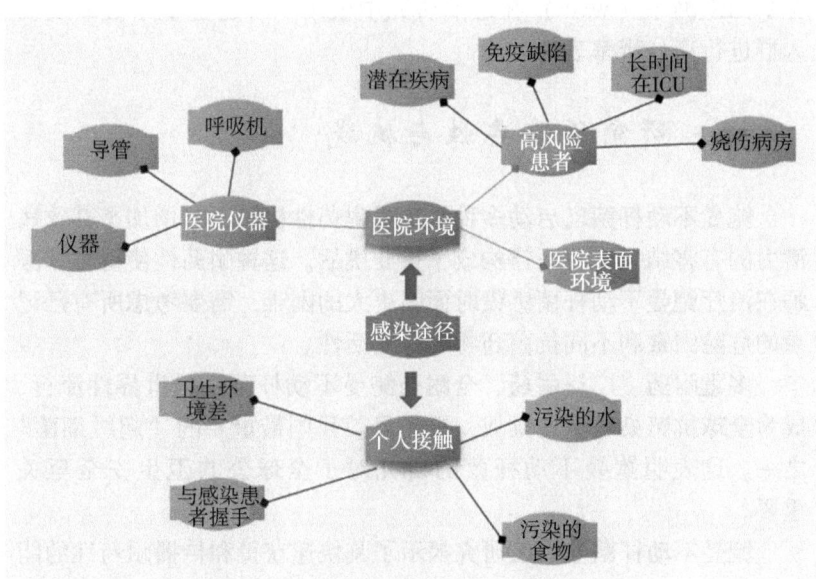

图1-1　鲍曼不动杆菌引起的感染途径

鲍曼不动杆菌通过多种机制获得碳青霉烯类耐药性，包括水平基因转移获得的基因编码碳青霉烯酶，这些基因位于染色体或质粒上。移动遗传元件（如插入序列、整合子和耐药岛）也是鲍曼不动杆菌重要的碳青霉烯类耐药策略。例如，ISAba1 插入序列在鲍曼不动杆菌中广泛存在，可转移并表达增加的碳青霉烯类耐药性，且与 OXA 型碳青霉烯酶基因（如 *blaOXA-23-like*、*blaOXA-51-like* 和 *blaOXA-58-like*）密切相关。此外，通过接合质粒和噬菌体辅助转移也是鲍曼不动杆菌耐药基因传播的可能机制，研究发现

blaOXA-23 和 *blaOXA-58* 等耐药基因可在不同鲍曼不动杆菌种间容易传播。

在发达国家，由于违反感染预防和控制（IPC）协议，单一克隆的 CR Ab 可被引入并在医院内传播，导致 CR Ab 暴发。这种克隆暴发通常在对暴发进行调查和采取针对性干预措施后得到控制。全基因组测序（WGS）在近期研究中被用于对这些单中心暴发或人群进行高分辨率表征。

四、研究的重要性与挑战

鲍曼不动杆菌已启动多种抗生素耐药性机制，这增加了其致病潜力的有害结果，对医疗构成了重要挑战。这种耐药性使得临床医师在治疗鲍曼不动杆菌感染时面临更大的困难，需要考虑所有已记录的危险因素和不同抗菌药物的协同活性。

多重耐药、广泛耐药、全耐药鲍曼不动杆菌已呈世界性流行，成为全球抗感染领域的挑战，更是目前我国最重要的"超级细菌"之一。这表明鲍曼不动杆菌的研究对于全球公共卫生安全至关重要。

鲍曼不动杆菌基因组研究揭示了其快速获得和传播耐药性的能力，这对于理解其致病机制和开发新的治疗策略至关重要。治疗鲍曼不动杆菌感染的有效性主要取决于与舒巴坦或多黏菌素 E（colistin）的准确抗菌组合。然而，已经报道了抗舒巴坦的菌株，以及对多黏菌素有抗药性和依赖性的菌株，这可能会超过其在抗菌药物组合中的功效。

WHO 将耐卡帕培南的鲍曼不动杆菌（CR Ab）列为对人类健康构成最大威胁的细菌"关键组"，并建议进一步研究以应对其临床影响。这表明需要投资新的治疗方法，包括抗生素和非传统治疗手段，如噬菌体疗法。未来几年，抗生素耐药性将成为主要关注的问题，需要在全球范围内的跨学科研究团队不仅在分子水平上而且在机构水平上开发创新解决方案。鲍曼不动杆菌的感染特点和耐药性对全球公共卫生构成了严重挑战。加强医院感染控制、合理使用抗菌药物和疫苗研究是当前防治鲍曼不动杆菌感染的关键。

参考文献

[1] IBRAHIM S, AL-SARYI N, AL-KADMY I M S, et al. Multidrug - resistant *Acinetobacter baumannii* as an emerging concern in hospitals [J]. Molecular Biology Reports, 2021, 48 (10): 6987-6998.

[2] WEINBERG S E, VILLEDIEU A, BAGDASARIAN N, et al. Control and management of multidrug resistant *Acinetobacter baumannii*: A review of the evidence and proposal of novel approaches [J]. Infection Prevention in Practice, 2020, 2 (3): 100077.

[3] Molecular epidemiology of carbapenem-resistant *Acinetobacter baumannii* in Italy-PubMed [EB/OL]. [2025-01-15].

第 2 章 鲍曼不动杆菌的感染类型

不动杆菌是一个复杂的属，从历史上看，人们对多个物种的认识是混淆的。该菌种通常引起医院感染，主要是吸入性肺炎和导管相关菌血症，但也可引起软组织和尿路感染，由鲍曼不动杆菌引起的感染在 20 世纪 60 年代和 20 世纪 70 年代正式出现[1,2]。不动杆菌最初被认为是一种共生机会主义者———一种意义最小的低毒力病原体。然而，在随后的几十年里，机械通气、中心静脉和导尿管置管术及抗菌治疗的日益普及，导致不动杆菌感染的频率和严重程度激增。如今，不动杆菌感染已在全球各地的医院中迅速传播。感染密度最高的是重症监护病房（ICU）。美国国家医疗保健安全网络（NHSN）2009—2010 年监测数据发现，不动杆菌属导致了 1.8% 的医疗保健相关感染。根据医院网络的监测研究，欧洲和拉丁美洲的 ICU 频率相似。然而，在中国、泰国、越南和南美洲的一些国家和地区，不动杆菌引起的医院内感染比例要高得多，并且可能是主要的医院内病原体。它也正在成为印度主要的院内病原体。在亚洲和某些拉丁美洲的一些国家，不动杆菌是引起菌血症和医院肺炎的三个最常见原因之一。据估计，美国每年有 45 万多例（范围 41.4 万~83 万）不动杆菌感染，全球每年有 100 多万例（范围 60 万~140 万）不动杆菌感染。由鲍曼不动杆菌引起的感染主要包括医院获得性肺炎、血流感染、神经中枢感染、泌尿系统感染、神经软组织感染等，下面将介绍鲍曼不动杆菌的感染类型。

一、医院获得性肺炎

鲍曼不动杆菌（Acinetobacter baumannii，Ab）是我国院内感染重要病原菌之一，多分离于 ICU 病房患者的呼吸道，常导致医院获得性肺炎。Ab 耐药性逐年升高，只对多黏菌素和（或）替加环素敏感的广泛耐药（extensive drug resistance，XDR）菌株也日益增多，XDR Ab 感染后治疗失败及死亡率高。与非 XDR Ab 肺炎组相比，XDR Ab 肺炎患者的年龄更大，APACHE Ⅱ 评分更高。此外，有心脏疾病及 COPD 基础病患者更易并发 XDR Ab 肺炎，提示 XDR Ab 更容易感染免疫力受损患者。我们前期发现碳青霉烯类的使用也是 XDR Ab 肺炎的重要危险因素，既往研究已经发现使用碳青霉烯类容易导致多重耐药（MDR）鲍曼不动杆菌的出现。因此，我们应关注如何合理使用碳青霉烯类，以降低耐药细菌的产生。已有文献报道 Ab 导致的院内获得性肺炎死亡率为 28.1%~85.3%，并发脓毒症及脓毒症休克、APACHE Ⅱ 评分及不恰当的初始经验性治疗是高死亡率的独立危险因素。其中一个研究发现，相对于碳青霉烯类敏感鲍曼不动杆菌肺炎，碳青霉烯类耐药鲍曼不动杆菌肺炎的死亡率更高。而另一个研究却发现，MDR 鲍曼不动杆菌感染与非 MDR 鲍曼不动杆菌感染的死亡率相比并无差别。一项最近的研究发现，在 ICU 中由 XDR Ab 导致呼吸机相关肺炎（VAP）患者的死亡率反而低于非 XDR ABVAP 患者。同样，XDR Ab 肺炎患者有较高的死亡率，但与非 XDR Ab 肺炎患者相比，两者死亡率并无统计学意义上的差异。

Ab 经常从患者的呼吸道分离出来，并导致医院获得性肺炎（Hospital-acquired pneumonia，HAP），特别是呼吸机相关肺炎（Ventilator-associated pneumonia，VAP）。我国鲍曼不动杆菌感染诊治与防控专家提出，鲍曼不动杆菌可引起医院获得性肺炎、血流感染、腹腔感染、中枢神经系统感染、泌尿系统感染、皮肤软组织感染等。根据 CHINET 连续的耐药监测结果，不动杆菌居我国大型教学医院临床分离革兰氏阴性菌第三位。

二、血流感染

近年来，随着糖皮质激素、抗菌药物等广泛应用及侵入性操作广泛展开，Ab 引起的血流感染发生率呈逐年升高趋势，同时发现多重耐药鲍曼不动杆菌（MDR-AB）所引起的血流感染也逐渐增多，致死率高。资料显示，Ab 血流感染在所有血流感染中占比达到 9%~35%，而大约有 45% 的 Ab 分离株具有多重耐药性。MDR-AB 所致血流感染的治疗难度大，可延长患者住院时间，增加医疗费用，且与患者预后密切相关。

Ab 是一种需氧、非发酵、过氧化氢酶阳性的革兰氏阳性球杆菌，已成为全球常见的医院获得性病原菌，可引起多器官、组织感染，其中血流感染常发生于危重症患者，死亡率高达 30%~76%。血流感染包括脓毒血症、菌血症及败血症，由病原体侵入血流而引起，具有急性发病、进展迅速等特点，临床表现为心动过速、寒颤、高热、皮疹及呼吸急促等，病情严重者可并发弥散性血管内凝血（DIC）、脓毒症休克及多器官功能衰竭（MOF），病死率极高。由此，需明确 MDR-AB 血流感染发生的危险因素及感染后死亡的危险因素，以指导临床制定干预方案，对改善患者预后有着重要意义。本研究发现，侵入性操作、使用碳青霉烯类药物以及抗菌药物使用≥3 种是 MDR-AB 血流感染发生的独有危险因素。研究发现，留置导管是老年患者发生 MDR-AB 血流感染的危险因素，提示临床工作中应严格控制侵入性操作，加强导管留置护理，以控制感染发生率。侵入性操作可对机体造成损伤，MDR-AB 感染患者本身病情较重，抵抗力低下，机体正常免疫屏障遭到破坏，进一步增加了血流感染的风险，对于意识不清状态的卧床患者来说，MDR-AB 可长时间定植于呼吸道、侵入性导管等处，从而引起内源性感染。

多种类使用抗菌药物及碳青霉烯类药物的使用，可导致机体正常菌群间的平衡遭到破坏，而反复接受广谱抗菌药物，则可使抗生素选择性压力增高，进而导致耐药菌株产生，提高血流感染发生风险。因此，为避免 MDR-AB 血流感染发生，临床应规范抗菌药物使用，并严格把控侵入性操作指征。近年来 MDR-AB 血流感染发病率呈上升趋势，报道显示，MDR-AB 血流感染的病死率为 11.3%~51.3%。研究发现，Ab 血流感染死亡率为 13.33%，MDR-AB 感染的死亡率为 43.24%，同时 MDR-AB 血流感染患者病情较重，预后较差，且死亡率高。既往研究证实，机械通气、气道开放可增加MDR-AB 在肺部的感染率，同时成为血流感染的主要侵入路径，机械通气与患者 28d 死亡率呈正相关。分析原因，可能是由于机械通气、器官衰竭可在一定程度上代表患者病情严重程度，而病情严重患者本身就存在较高的死亡率。为降低 MDR-AB 血流感染患者的死亡率，临床经验性抗感染治疗时，需谨慎选择碳青霉烯类药物用于抗感染治疗。

三、中枢神经系统感染

泛耐药细菌（PDR）指对于常规抗菌药物均具备耐药性的菌种[3]。鲍曼不动杆菌（Ab）属非发酵革兰氏阴性杆菌，在自然界中广泛分布，也是医院院内感染的主要病原菌之一。最新临床研究表明，Ab 已排在造成医院感染致病菌的第 2 位，特别是泛耐药鲍曼不动杆菌（PDR-Ab）的出现，可引发医院获得性肺炎、腹腔感染、血流感染、泌尿系统感染及中枢神经系统感染等，更加导致临床大规模的感染暴发，危害极大[4]。世界卫生组织（WHO）宣布，PDR-Ab 是逃避抗菌药物最严重的六大超级细菌之一[5]。替加环素（TGC）属甘氨酰环素类抗菌药物，对革兰氏阴性菌、多重耐药革兰氏阳性菌、厌氧菌及"非典型"细菌均有较好的抑制作用，该药已被推荐作为 PDR-Ab 的治疗药物[6]。但随着 PDR-Ab 的广泛传播，单一 TGC 给药已无法满足患者治疗的需要，联合用药逐渐成为当前 PDR-Ab 的主要治疗方式[6,7]。本研究采取 TGC 分别联合头孢哌酮/舒巴坦（CPZ/SB）和异帕星（ISM）治疗 PDR-Ab 中枢神经系统感染，观察其临床疗效及安全性。

近年来，由于广谱抗生素的广泛使用甚至滥用，Ab 的耐药性极大地增强，并出现多重耐药、泛耐药甚至全耐药菌株，其克隆复制能力大大增强，造成 Ab 感染的大规模暴发[7-10]。PDR-Ab 中枢神经系统感染，是中枢神经感染致病菌中的重要菌种，会引发急性发热、呕吐、惊厥、颈强直、昏迷、脑脊液改变等[11-14]。TGC 又称叔丁基甘氨酰米诺环素，与四环素有相似结构，是首类应用于临床的甘氨酰米诺环素类抗菌药物，其作用机制主要通过结合细菌 30S 核糖体亚基来阻断 RNA 转入核糖体 A 点，从而抑制细菌蛋白质合成[15-18]；另外，其引入了二甲基甘氨酰氨基，阻碍了外排蛋白的激活，进而阻断了细菌利用外排系统排出药物，其药效不受年龄、性别、人种的限制，组织穿透力强，器官毒性低[19-21]。TGC 联合用药是目前针对 PDR-Ab 的有效选择。对于联合方案的选择，目前相关研究报道并不翔实。此前虽有研究证实 TGC 联合药物的临床疗效优于单药，但对不同联合用药的疗效差异尚缺乏讨论[22,23]。本研究采取 TGC 分别联合 CPZ/SB 和 ISM，比较两种以 TGC 为基础的联合用药方法治疗 PDR-Ab 的疗效，结果显示，经过 10d 的治疗，2 组 WBC、CRP、LPS、PCT、IL-6 水平均显著低于治疗前，且 TGC-ISM 组显著低于 TGC-CPZ/SB 组，提示前者对炎症反应的缓解效果更佳。CPZ/SB 是一种复合制剂，CPZ 属于光谱酶抑制剂，可有效抑制大部分革兰氏阳性杆菌合成的 β-内酰胺酶，SB 则是第三代头孢菌素，结合 CPZ 对包括 Ab 在内的绝大多数阴性杆菌均起到良好的协同抗菌作用[24]。ISM 是一种新型氨基糖苷类抗菌药物，与 TGC 一样可以与核糖体 30S 亚基结合从而阻断细菌蛋白合成，抑制细菌活性，肾脏毒性小，是使用最广泛的一类氨基糖苷类抗菌药物[25,26]。CRP 是一种由肝脏合成的急性反应蛋白，正常含量为 5mg/L，机体发生感染时会急剧上升，是炎性反应的敏感因子。LPS 是多糖、脂质复合物，属于内毒素，能够引发宿主发热、微循环障碍等。PCT 则是一类特异性蛋白质，其水平高低与机体感染程度成正比。WBC 是免疫细胞，其高水平反映了急性细菌感染程度。两种联合方法抑炎效果差异可能是由于相较于 CPZ/SB，ISM 含有的异丝氨酸基团能够进一步增强其杀菌效果，配合 TGC 联合使用可以更好地清除各类炎性因子[27]。另外 TGC-ISM 组 APACHE Ⅱ评分显著低于 TGC-CPZ/SB 组，细菌清除率显著低于 TGC-CPZ/SB 组，临床有效率显著，提示前者能够更有效、快速地缓解 PDR-Ab 引发的中枢神经感染。研究显示以 TGC-CPZ/SB 联合用药的细菌清除率及临床总有效率分别为 55.6% 和 70.4%[28]，与本研究中的 TGC-CPZ/SB 组结果相近；TGC-ISM 的细菌清除率及临床总有效率分别为 80.9% 和 85.7%[29-32]，与本研究中的 TGC-ISM 组结果相近。本研究证实 TGC-ISM 作为潜在的能够有效治疗 PDR-Ab 中枢神经感染的治疗方法，临床疗效良好，抑炎效果显著，细菌清除率高，且不良反应较少，安全可靠，可考虑今后临床推广应用。

四、泌尿系统感染

鲍曼不动杆菌的泌尿系统感染可通过血流或淋巴管途径，但绝大多数由尿道口的上行性感染引起。其发病高危因素包括：医疗相关因素，如手术治疗、留置导尿管、局部用药；尿路梗阻性疾病，如前列腺增生、尿路结石、尿道狭窄；全身长期使用抗菌药物；放疗与化疗；机体免疫功能受损；长期卧床等[33]。鲍曼不动杆菌泌尿系统感染可包括急性肾盂肾炎、急性膀胱炎等，并可继发附睾炎、前列腺炎、菌血症。常见的症状同一般细菌性尿路感染，在临床上与其他细菌所致感染无明显区别，诊断需依据病原学检查。尿液培养鲍曼不动杆菌生长：首先需明确是无症状菌尿还是导尿管相关泌尿道感染。无症状菌尿除妊娠期妇女和学龄前儿童,以及拟行泌尿外科手术者外,一般不推荐抗菌药物治疗。如考虑留置管相关泌尿道感染,且留置管已留置一周甚至更长时间,在使用抗菌药物之前应先更换或去除留置管,留取尿培养及药敏,保持引流通畅。鲍曼不动杆菌泌尿系感染抗菌药物疗程应区分对治疗的反应及是否有导尿管植入。如果起始治疗后症状明显改善,一般抗菌药物使用7d;对于导尿管相关泌尿道感染,如果起始治疗反应相对延迟,一般推荐10~14d,甚至需要21d;如临床治疗效果不佳,除反复留取尿培养指导抗菌药物调整外,需进一步加强引流,寻找及去除尿路梗阻性因素,并明确是否继发菌血症[34,35]。鲍曼不动杆菌泌尿系感染抗菌药物的选择参考共识抗菌药物部分。

五、皮肤软组织感染

皮肤屏障破坏及鲍曼不动杆菌皮肤定植是鲍曼不动杆菌皮肤软组织感染重要诱因。免疫功能低下的患者,如糖尿病、中性粒细胞减少、药瘾者、艾滋病、长期住院重症患者,不存在皮肤屏障破坏时也会发生皮肤软组织感染。革兰氏阴性杆菌引起的皮肤软组织感染并非常见,其中又以肠杆菌科细菌为主,鲍曼不动杆菌较少见。鲍曼不动杆菌皮肤软组织感染多为继发性混合感染,常见合并的病原细菌为:金黄色葡萄球菌、肠杆菌科细菌、铜绿假单胞菌等[34,35]。分级诊疗主要通过临床表现及严重程度进行分级,目前分为4级。1级只有局部症状体征;2级伴有发热等全身症状,但无并发症;3级合并中毒症状,如心动过速、呼吸异常等;4级为脓毒症或威胁生命的感染,如坏死性筋膜炎。按复杂程度可分为单纯性和复杂性,前者包括单一脓肿、脓疱病、疖肿、蜂窝组织炎等;后者指存在明显的基础疾病或由创伤并发的感染,常引起严重深部软组织感染,应提高警惕,早期识别。治疗原则:根据分级、分类,采取局部治疗与全身用药相结合,抗菌治疗与辅助治疗措施

(如换药、清创、手术等)相结合。通常3级及以上患者需住院,单纯性感染(如单个疖或毛囊炎)简单外科处理即可,复杂性感染应选择敏感并且局部浓度高的药物(如敏感的β-内酰胺类抗生素),具体抗菌治疗方案见抗菌药物治疗部分,必要时外科手术。疗程因病情而异,复杂性感染可能需要较长的疗程。

参考文献

[1] DALY A K. Infections Due to Organisms of the Genus Herellea: B5W and B. Anitratum [J]. Archives of Internal Medicine, 1962, 110 (5): 580.

[2] Infections With Acinetobacter Calcoaceticus (Herelleavaginicola) Clinical and Laboratory Studies. pdf [M].

[3] 段雪亚,韩成义,蒋雪松. 神经内外科住院患者耐碳青霉烯类肠杆菌科细菌临床调查 [J]. 中国实用神经疾病杂志, 2019, 22 (8): 886-892.

[4] WRIGHT M S, JACOBS M R, BONOMO R A, et al. Transcriptome Remodeling of *Acinetobacter baumannii* during Infection and Treatment [J]. mBio, 2017, 8 (2): e02193.

[5] DADON Z, BEN-CHETRIT E, BENJAMINOV O, et al. The role of the computerized tomography scanner in the cross-transmission of carbapenem-resistant *Acinetobacter baumannii* between hospitalized patients [J]. Clinical Microbiology and Infection, 2021, 27 (4): 635.e1-635.e4.

[6] WANG J, NING Y, LI S, et al. Multidrug-resistant *Acinetobacter baumannii* strains with NDM-1: Molecular characterization and in vitro efficacy of meropenem-based combina-

tions [J]. Experimental and Therapeutic Medicine, 2019, 18 (4): 2924-2932.
[7] WRIGHT M S, IOVLEVA A, JACOBS M R, et al. Genome dynamics of multidrug – resistant *Acinetobacter baumannii* during infection and treatment [J]. Genome Medicine, 2016, 8: 26.
[8] LI Y, SHAH-SIMPSON S, OKRAH K, et al. Transcriptome Remodeling in Trypanosoma cruzi and Human Cells during Intracellular Infection [J]. PLoS Pathogens, 2016, 12 (4): e1005511.
[9] MARTÍ NEZ – GUITIÁN M, VÁZQUEZ – UCHA J C, ÁLVAREZ-FRAGA L, et al. Global Transcriptomic Analysis During Murine Pneumonia Infection Reveals New Virulence Factors in *Acinetobacter baumannii* [J]. The Journal of Infectious Diseases, 2021, 223 (8): 1356-1366.
[10] ZHANG Z, BALMER J E, LOVLIE A, et al. Specific teratogenic effects of different retinoic acid isomers and analogs in the developing anterior central nervous system of zebrafish [J]. Developmental Dynamics, 1996, 206 (1): 73-86.
[11] AIVAZOVA V, KAINER F, FRIESE K, et al. *Acinetobacter baumannii* infection during pregnancy and puerperium [J]. Archives of Gynecology and Obstetrics, 2010, 281 (1): 171-174.
[12] TOWNSEND J, ADAMS V, GALIATSATOS P, et al. Procalcitonin – Guided Antibiotic Therapy Reduces Antibiotic Use for Lower Respiratory Tract Infections in a United States Medical Center: Results of a Clinical Trial [J]. Open Forum Infectious Diseases, 2018, 5 (12):

ofy327.
[13] DI ROCCO M, MOLONEY M, O' BEIRNE T, et al. Development and validation of a quantitative confirmatory method for 30 β-lactam antibiotics in bovine muscle using liquid chromatography coupled to tandem mass spectrometry [J]. Journal of Chromatography A, 2017, 1500: 121-135.
[14] ECONOMOU C J P, ORDOÑEZ J, WALLIS S C, et al. Ticarcillin and piperacillin adsorption on to polyethersulfone haemodiafilter membranes in an ex-vivo circuit [J]. International Journal of Antimicrobial Agents, 2020, 56 (3): 106058.
[15] LIANG W, YUAN-RUN Z, MIN Y. Clinical Presentations and Outcomes of Post-Operative Central Nervous System Infection Caused by Multi-Drug-Resistant/Extensively Drug-Resistant *Acinetobacter baumannii*: A Retrospective Study [J]. Surgical Infections, 2019, 20 (6): 460-464.
[16] DE BONIS P, LOFRESE G, SCOPPETTUOLO G, et al. Intraventricular versus intravenous colistin for the treatment of extensively drug resistant *Acinetobacter baumannii* meningitis [J]. European Journal of Neurology, 2016, 23 (1): 68-75.
[17] SUN L, WANG X, LI Z. Successful treatment of multidrug-resistant *Acinetobacter baumannii* meningitis with ampicillin sulbactam in primary hospital [J]. British Journal of Neurosurgery, 2018, 32 (6): 642-645.
[18] LI L M, ZHENG W J, SHI S W. Spinal arachnoiditis followed by intrathecal tigecycline therapy for central nerv-

ous system infection by extremely drug-resistant *Acinetobacter baumannii* [J]. The Journal of International Medical Research, 2020, 48 (7): 0300060520920405.

[19] MIZRAHI C J, BENENSON S, MOSCOVICI S, et al. Combination Treatment with Intravenous Tigecycline and Intraventricular and Intravenous Colistin in Postoperative Ventriculitis Caused by Multidrug-resistant *Acinetobacter baumannii* [J]. Cureus, 11 (1): e3888.

[20] 刘卫青, 代荣钦, 郭志松, 等. ICU 昏迷患者鲍曼不动杆菌感染的调查与防治策略 [J]. 中国实用神经疾病杂志, 2020, 23 (7): 612-615.

[21] ZHOU Y, CHEN X, XU P, et al. Clinical experience with tigecycline in the treatment of hospital-acquired pneumonia caused by multidrug resistant *Acinetobacter baumannii* [J]. BMC Pharmacology & Toxicology, 2019, 20: 19.

[22] YANG H, CHEN G, HU L, et al. In vivo activity of daptomycin/colistin combination therapy in a Galleria mellonella model of *Acinetobacter baumannii* infection [J]. International Journal of Antimicrobial Agents, 2015, 45 (2): 188-191.

[23] LONG W, YUAN J, LIU J, et al. Multidrug Resistant Brain Abscess Due to *Acinetobacter baumannii* Ventriculitis Cleared by Intraventricular and Intravenous Tigecycline Therapy: A Case Report and Review of Literature [J]. Frontiers in Neurology, 2018, 9: 518.

[24] PETROVIĆ T, UZUNOVIĆ S, BARIŠIĆ I, et al. Arrival of carbapenem-hydrolyzing-oxacillinases in *Acinetobacter baumannii* in Bosnia and Herzegovina [J]. Infection, Ge-

netics and Evolution, 2018, 58: 192-198.
[25] LAURETTI L, D'ALESSANDRIS Q G, FANTONI M, et al. First reported case of intraventricular tigecycline for meningitis from extremely drug-resistant *Acinetobacter baumannii* [J]. Journal of Neurosurgery, 2017, 127 (2): 370-373.
[26] HADJADJ L, SHOJA S, DIENE S M, et al. Dual infections of two carbapenemase-producing *Acinetobacter baumannii* clinical strains isolated from the same blood culture sample of a patient in Iran [J]. Antimicrobial Resistance and Infection Control, 2018, 7: 39.
[27] LI M, AYE S M, AHMED M U, et al. Pan-transcriptomic analysis identified common differentially expressed genes of *Acinetobacter baumannii* in response to polymyxin treatments [J]. Molecular omics, 2020, 16 (4): 327-338.
[28] 赵慧颖, 杨艟舸, 郭杨, 等. 内科重症监护病房泛耐药鲍曼不动杆菌定植与感染的监测及控制 [J]. 中华危重病急救医学, 2014, 26 (7): 464-467.
[29] WRIGHT M S, JACOBS M R, BONOMO R A, et al. Transcriptome Remodeling of *Acinetobacter baumannii* during Infection and Treatment [J]. mBio, 2017, 8 (2): e02193-16.
[30] 王威, 赵典, 唐伟. 空气污染物不同成分对中枢神经系统毒性作用研究进展 [J]. 中国实用神经疾病杂志, 2019, 22 (4): 454-458.
[31] ALFOUZAN W A, NOEL A R, BOWKER K E, et al. Pharmacodynamics of minocycline against *Acinetobacter baumannii* studied in a pharmacokinetic model of infection [J]. International Journal of Antimicrobial Agents, 2017,

50（6）：715-717.
[32] WANG C H, LI J F, HUANG L Y, et al. Outbreak of imipenem-resistant *Acinetobacter baumannii* in different wards at a regional hospital related to untrained bedside caregivers [J]. American Journal of Infection Control, 2017, 45 (10)：1086-1090.
[33] PETERSEN K, RIDDLE M S, DANKO J R, et al. Trauma-related Infections in Battlefield Casualties From Iraq [J]. Annals of Surgery, 2007, 245 (5)：803-811.
[34] GRIFFITH M E, LAZARUS D R, MANN P B, et al. *Acinetobacter* Skin Carriage Among US Army Soldiers Deployed in Iraq [J]. Infection Control & Hospital Epidemiology, 2007, 28 (6)：720-722.
[35] 郝飞. 皮肤及软组织感染诊断和治疗共识 [J]. 临床皮肤科杂志, 2009, 38 (12)：810-812.

第3章 鲍曼不动杆菌的致病机制

鲍曼不动杆菌的致病过程主要包括菌体与宿主细胞黏附、生物膜的形成及菌体定植。与许多病原体相似，鲍曼不动杆菌能产生大量包围外膜的荚膜多糖（Capsular Polysaccharide，CPS）[1]，并形成黏液，对该菌的黏附起关键作用。有研究在鲍曼不动杆菌中发现，双组分离调节系统 BfmRS 可影响 CPS 的形成[2-4]，还可控制 CPS 产生基因的 K 位点及菌毛产生 csuA/BABCDE 操纵子的表达。BfmRS 突变体（ΔbfmR）可过量产生 CPS，具有更强毒性[5]。CPS 输出蛋白（Wza）与耐碳青霉烯类抗生素鲍曼不动杆菌的毒力及荚膜的形成密切相关。研究表明，wza 基因敲除可影响荚膜聚合酶 Wzy 依赖的 CPS 合成途径，导致 CPS 的组装、输出和胞外固定受阻，从而产生协同效应，降低该菌的毒性[6,7]。生物膜是微生物细胞在多种生理环境因素影响下黏附于生物或非生物表面形成的三维结构，其形成导致细菌的耐药性、致病性升高、慢性感染、反复感染率增加[8]。临床上 65%~80% 的细菌感染性疾病与生物膜形成有关，但形成生物膜的细菌对抗菌药物耐药性通常是游离菌的 10~1 000 倍，这也是抗菌药物治疗细菌感染失效的主要原因[9]。生物膜的形成和发展包括 4 个主要步骤：细菌可逆性黏附定植、细菌不可逆性黏附集聚、生物膜成熟及细菌的脱落与再定植。当浮游细菌与惰性物体表面或活性实体的表面接触后，会黏附至物体表面，启动形成生物膜过程，在该阶段，单个附着细胞仅由少量胞外聚合物包裹，未进入生物膜的形成过程，多数菌体还可重新进入浮游状态，因此，此时细菌的黏附是可逆的。细菌经过初步定植黏附后，激活与形成生物膜相关的基因，细菌在生长繁殖的同时分泌大量胞外聚合物黏结细菌，在该阶段，细菌对物体表面的黏附更牢固，是不可逆的。随后生物膜的形成逐渐进入成熟期，形成高度有组织的结构，由类似蘑菇状或堆状的微菌落组成，在这些微菌落之间存在大量通道，可运送养料、酶、代谢产物等。成熟的生物膜通过蔓延、部分脱落或释放出浮游细菌进行扩展，脱落或释放出来的细菌重新变为浮游菌，在物体表面形成新的生物膜[10]。与其他菌种比较，鲍曼不动杆菌的生物膜形成率为 80%~91%，其他菌种为 5%~24%[11]。生物膜保护鲍曼不动杆菌免受抗生素、噬菌体的作用，协助其在恶劣条件下存活[12,13]，该菌借助生物膜黏附于医疗设施上，使其在医院环境中持续存在，导致院内感染[14]。鲍曼不动杆菌分离株的生物膜由菌体、细菌分泌的黏性物质和 CPS 组成，其形成通常与金属离子、质粒、转座子、整合子和外膜蛋白等表达基因的上调有关[15]。黏附性是形成生物膜的第一步，菌毛有助于鲍曼不动杆菌在任何非生物表面形成生物膜[16]，有研究表明，鲍曼不动杆菌相关的多聚 β-1,6-乙酰葡萄糖胺（polymeriza tion β-1,6-acetylglucosamine，PNAG）、分子伴侣/分子引导分泌（molecular chaperone system，CUS）系统和群体感应（Quorum Sensing，QS）等也与生物膜的形成密切相关[17,18]。由于多重耐药鲍曼不动杆菌不断增多[19,20]，抗生素的有效性越来越差，更加凸显开发新型防治手段的重要性。接种疫苗在防治鲍曼不动感染中发挥关键作用。在该菌致病过程中涉及多种物质（如 CPS、蛋白质及相关基因）的参与，以这些组分为靶点制备相应疫苗（如 *OmpA*、Bap 疫苗），通过降低细菌黏附和生物膜的形成，进而阻断或减弱鲍曼不动杆菌的感染，以达到预防和治疗的目的。

一、菌体与宿主细胞黏附

耐药性鲍曼不动杆菌已成为医院内主要流行病原菌，对免疫力低下人群感染性和致病性极强。鲍曼不动杆菌能引起肺炎、尿路感染、血行性感染，也是引起烧伤感染的主要病原。鲍曼不动杆菌在全球范围内对包括碳青霉烯类及黏菌素类在内的多种抗生素具有广谱耐药性，排名在级别1级，严重耐药性的第一名，全耐药性鲍曼不动杆菌将可能进化成"超级细菌"，对其针对性治疗日益困难。

近日，中国科学院昆明动物研究所齐晓朋课题组研究了I型干扰素（IFN）信号途径在鲍曼不动杆菌感染诱导宿主细胞死亡调控中的作用机理。鲍曼不动杆菌的感染能够引起宿主产生细胞凋亡、炎性死亡、细胞焦亡和细胞坏死。鲍曼不动杆菌感染通过TRIF依赖的信号通路诱发I型干扰素的产生，I型干扰素通过KAT2B和P300介导H3K27ac组蛋白修饰从而调控细胞死亡关键基因 *Zbp1*，*Mlkl*，*caspase-11* 与 *Gsdmd* 的表达，促进Gsdmd介导的细胞焦亡、MLKL介导的细胞坏死以及NLRP3炎症小体的活化。该研究成果已发表在 *Cell Death & Differentiation* 上。

宿主细胞死亡是细菌感染期间一种内在的细胞防御机制。最近的研究最终证明，坏死性凋亡和焦亡细胞死亡途径对于炎性细胞因子的释放和作用至关重要[21,22]。同样，I型IFN依赖性非经典NLRP3和AIM2炎性小体的激活以及随后的焦亡细胞死亡分别在宿主防御大肠杆菌和新镰刀菌感染中起关键作用[23,24]。此外，I型IFN还调节响应单核细胞增生李斯特菌和S细胞的细胞凋亡和坏死性凋亡，鼠伤寒感染[25,26]。尽管I型IFN和传染病中细胞死亡的研究取得了进展，但I型IFN产生的机制及其在宿主防御MDR细菌（如流行的MDR鲍曼不动杆菌）中的功能仍有待阐明。

在此，我们确定了I型IFN在宿主防御MDR鲍曼不动杆菌感染中的保护作用。鲍曼不动杆菌感染触发了多种细胞死亡途径，例如细胞凋亡和两种炎症性程序性细胞死亡，包括坏死性凋亡和焦亡。IFN-α受体（IFNAR）抑制的含有TIR结构域的接头诱导IFN-β（TRIF）介导的NLRP3炎性小体激活、焦亡和坏死性凋亡以响应MDR鲍曼曲胞杆菌感染。I型IFN通过调节Kat2b和P300

的表达来调节细胞死亡途径关键介质的表达,这对组蛋白 H3 赖氨酸 27 (H3K27Ac) 的乙酰化至关重要。因此,我们的研究报道了 Ⅰ 型 IFN 诱导坏死性凋亡和焦亡的新机制,这提供了与感染和炎症性疾病高度相关的 Ⅰ 型 IFN 的见解,以及在鲍曼不动杆菌感染期间调节 Ⅰ 型 IFN 信号传导的潜在靶点。

  细胞死亡途径,特别是坏死性凋亡和焦亡性细胞死亡对于炎性细胞因子的释放和作用至关重要。caspase-3 和 caspase-1 的成熟分别是诱导细胞凋亡和细胞焦亡的关键事件[27,28]。坏死性凋亡是由坏死性凋亡混合谱系激酶结构域样蛋白 (MLKL) 执行者上游受体相互作用蛋白激酶 1 (RIPK1) 和蛋白激酶 3 (RIPK3) 的激活介导的[29,30]。为了检查鲍曼不动杆菌感染过程中诱导了哪种细胞死亡,我们进行了鲍曼不动杆菌感染的 WT BMDMs,并检查了在不存在或存在不同抑制剂处理的情况下的细胞死亡,这些抑制剂可以阻断各种细胞死亡途径,包括细胞凋亡、焦亡和坏死性凋亡。值得注意的是,鲍曼不动杆菌感染诱导的 caspase-3 裂解标记的细胞凋亡水平被 caspase 抑制剂 zVAD 抑制,但被阻断 RIPK1、RIPK3、MLKL 或 caspase-1 活性的抑制剂抑制。鲍曼不动杆菌感染还诱导了焦亡-caspase-1 激活和随后释放 caspase-1 底物白细胞介素 (IL) -1β 的标志,这些标志在 caspase-1 抑制剂存在下被抑制,但在其他抑制剂存在下没有被抑制。为了确定鲍曼不动杆菌感染是否可以诱导坏死性凋亡,我们使用碘化丙啶 (PI) 和膜联蛋白 V 染色进行了流式细胞术分析,并在不同抑制剂处理下对感染鲍曼不动杆菌的 WT BMDMs 进行了乳酸脱氢酶 (LDH) 释放分析。引人注目的是,与对照相比,RIPK1、RIPK3 和 MLKL 抑制剂降低了 PI 和膜联蛋白 V 染色双阳性细胞群的百分比,RIPK1、RIPK3 和 MLKL 抑制剂减少的细胞死亡也通过 LDH 释放得到证实。总的来说,这些数据表明鲍曼不动杆菌感染触发了由细胞凋亡、焦亡和坏死性凋亡组成的混合细胞死亡。然而,哪种细胞死亡首先发生以及这些细胞死亡事件之间的联系,或者所有这些不同的细胞死亡途径是否是由鲍曼不动杆菌感染在一个和同一个细胞中触发的,都需要通过单细胞分析来检查。

宿主细胞死亡是一把双刃剑,关系到宿主和病原菌的生存。在细菌感染过程中,程序性细胞死亡起着防御作用,例如消除病原体并促进炎性细胞因子和警报信号的分泌以激活宿主免疫反应。近年来,对炎性细胞死亡途径的理解,特别是坏死性凋亡和焦亡,取得了迅速的进展。例如,据报道,ZBP1介导RIPK3-MLKL介导的坏死性凋亡的激活,该凋亡在发育、炎症和IAV感染过程中的宿主细胞坏死性凋亡中起关键作用[28-30]。由 Gsdmd 基因编码的蛋白质最近被确定为caspase-1和caspase-11的下游靶标,它们的成熟会导致炎性小体介导的焦亡[23,31,32]。Ⅰ型IFN已被确定为强大的免疫调节和抗病毒细胞因子,但它们在细胞死亡中的功能尚未得到充分研究。我们的研究表明,Ⅰ型IFN依赖性细胞死亡在宿主防御鲍曼不动杆菌感染中起保护作用。IFN AR缺陷通过受损NLRP3炎性小体的激活和降低响应鲍曼不动杆菌感染的细胞死亡途径关键介质的表达来保护细胞免受坏死性凋亡和焦亡。

与之前的一项研究一致,报道了TRIF-IFN AR-caspase-11通路介导的大肠杆菌感染诱导的NLRP3炎性小体的激活[33],我们发现TRIF是Ⅰ型IFN产生所必需的,而IFN AR是鲍曼不动杆菌感染期间caspase-11转录和自动激活所必需的。然而,胞质DNA感应AIM2炎性小体在鲍曼不动杆菌存在下未被激活,并且Nlrp3和IL 1b的表达不依赖于IFN AR对鲍曼不动杆菌感染的反应。这些发现表明,IFN-Ⅰ介导的caspase-11对于鲍曼不动杆菌感染触发的NLRP3炎性小体的激活至关重要。此外,来自革兰氏阴性菌的细胞质脂多糖与caspase-11结合并导致其寡聚化和激活[34,35]。研究显示,除了caspase-11之外,Gsdmd 转录还依赖于Ⅰ型IFN信号传导。因此,Ⅰ型IFN信号转导对 Gsdmd 依赖性细胞死亡有深远的影响。来自鲍曼不动杆菌或宿主细胞因子的其他成分是否有助于caspase-11和NLRP3炎性小体的激活,以及在其他情况下

Gsdmd 表达对 I 型 IFN 信号的要求需要进一步检查。

先前的研究表明，IFN-I 信号传导是坏死性凋亡的关键诱导因子。在沙门氏菌感染期间，在没有 I 型 IFN 信号的情况下，宿主存活率提高，这归因于 RIPK3 介导的巨噬细胞坏死性凋亡受损[36]。尽管已鉴定出由 IFN 刺激的基因因子 3（ISGF3）激活维持的 RIPK3 持续磷酸化，但介导 RIPK3 激活和坏死性凋亡的特异性 IFN 刺激基因仍然未知[37]。通过与 RIPK3 的直接相互作用，ZBP1 被最终确定为 RIPK3-MLKL 介导的坏死性凋亡的中枢介质，这导致 RIPK3 自磷酸化和 MLKL 依赖性坏死性凋亡[22,38]。我们发现 I 型 IFN 依赖性 Zbp1 响应鲍曼不动杆菌感染的表达为理解 I 型 IFN 诱导的坏死性凋亡机制提供了见解。在 IAV 感染期间，Zbp1 表达也显示依赖于 I 型 IFN[39]，表明 I 型 IFN-ZBP1 轴介导的 RIPK3-MLKL 依赖性坏死性凋亡是病原感染期间激活的常见途径。需要进一步的研究来确定感染过程中激活 ZBP1 的信号。

最近的研究强调，细菌可以改变宿主细胞的表观遗传标记和机制以操纵宿主细胞功能，这可以促进宿主防御或有利于持续感染。尽管 I 型 IFN 已被公认为宿主防御机制中的强大细胞因子，但其在感染期间表观遗传调控中的作用仍不明确。我们观察到，在鲍曼不动杆菌感染期间，H3K27ac 标记比 H3K4me3 标记更具活力，这与之前的一项研究一致，即 H3K27ac 是响应巨噬细胞中外部刺激时最具活力的标记。I 型 IFN 有助于 H3K27ac 响应感染的组蛋白修饰变化。Zbp1 和 caspase-11 被认为是经典的 ISG，表明 Zbp1 和 caspase-11 的表达通过表观遗传调控和 ISGF3 受 I 型 IFN 信号转导的时空调控。

总之，在细菌感染期间调节宿主细胞死亡途径的表观遗传变化的例子。染色质变化如何定位于特定基因组区域以及 I 型 IFN 在细菌感染过程中的基本作用是需要回答的重要问题。我们的结果强调了组蛋白修饰在感染期间程序性细胞死亡途径中的重要性，并提出了控制细菌感染和其他 I 型 IFN 相关疾病的潜在治疗靶点。

二、生物膜的形成

生物膜（Biofilm，BF）是细菌的聚集体，在生物或非生物表面被自身产生的胞外多糖基质包围。与浮游菌相比，生物膜细菌显示出对抗生素、宿主免疫防御和恶劣环境条件更强的抵抗力[40]。据估计，65%~80%的人类感染是由具有生物膜形成能力的细菌引起[41]。细菌生物膜在形成过程中产生由胞外多糖、胞外DNA（Extracellular DNA，eDNA）、蛋白质和脂类组成的细胞外基质（Extracellular Polymeric Substances，EPS），初始黏附于物体表面，随着时间的推移，细菌细胞大量聚集形成成熟生物膜，在形成后期生物膜内细菌细胞可播散至生物膜外，重新回到浮游态，然后在新表面重新定植循环生物膜形成过程。鲍曼不动杆菌有较强的生物膜形成能力，在体内外都可以形成生物膜，尤其是分离自导管相关的尿路感染、人工气道相关性肺部感染、血流感染及继发性脑膜炎等的菌株。生物膜的形成可帮助鲍曼不动杆菌在医疗环境和干燥恶劣环境下存活，延长细菌在医院环境中的存活时间，促使菌株定植于医疗器械、医护人员手以及医院设施如门把手等，是鲍曼不动杆菌在院内广泛传播的主要原因，严重威胁整个医疗群体的生命安全[20]。生物膜形成是细菌的主要耐药机制之一。形成生物膜的菌株耐药性可增强10~1 000倍，细菌生物膜耐药机制主要有：①细菌聚集引起的药物渗透扩散受阻；②环境压力引起的细菌表型和基因型特征的改变等；③氧化应激反应；④生物膜基质中的抗生素修饰酶降解抗菌药物；⑤生物膜内细菌间eDNA耐药基因的交换；⑥生物膜内细菌存在异质性，营养及氧气限制导致对抗生素不敏感；⑦持留菌的存在等[2,42]。当细菌细胞以细胞密度依赖性方式产生群体感应（Quorom Sensing，QS）信号时，就会触发表型和基因型特征，这有助于在环境（如温度、氧气水平、酸度和质量）变化时细胞间的通信[43]。当以低于最小抑菌浓度（MinimumInhibitory Concentration，MIC）给药时，这种抗生素压力会在多种细菌中诱导生物膜形成[44]。生物膜的形成能抵抗吞噬细胞的吞噬作用、逃避宿主的免疫杀伤，与由浮游菌引起的急性感染相比，生物膜相关鲍曼不动杆菌感染多为慢性持续性，导致感染反复发生和难以治愈，进一步加重鲍曼不动杆菌感染者的病情和治疗难度，由此产生的抗生素耐药性会导致死亡人数增加、住院时间延长、经济损失巨大以及患者无药可用[45]。

鲍曼不动杆菌的生物膜形成受到生长条件和环境压力因素的影响。用于生物膜形成的培养基取决于多种因素，如细菌种类和孵育条件。在含亚最小抑菌浓度（Subminimum Inhibitory Concentration，sub-MIC）抗生素的葡萄糖培养基中培养鲍曼不动杆菌，可以诱导生物膜形成并导致 MDR 菌株的铁摄取增加。无论是分离自动物还是临床病人，鲍曼不动杆菌的生物膜形成存在较大的菌株差异性和生长介质依赖性。

参考文献

[1] KNIREL Y A, SHNEIDER M M, POPOVA A V, et al. Mechanisms of *Acinetobacter baumannii* Capsular Polysaccharide Cleavage by Phage Depolymerases [J]. Biochemistry (Moscow), 2020, 85 (5): 567-574.

[2] GEISINGER E, MORTMAN N J, VARGAS-CUEBAS G, et al. A global regulatory system links virulence and antibiotic resistance to envelope homeostasis in *Acinetobacter baumannii* [J]. PLoS Pathogens, 2018, 14 (5): e1007030.

[3] KRASAUSKAS R, SKERNIŠKYTĖ J, ARMALYTĖ J, et al. The role of *Acinetobacter baumannii* response regulator BfmR in pellicle formation and competitiveness via contact-

dependent inhibition system [J]. BMC Microbiology, 2019, 19: 241.

[4] SYKES E M E, DEO S, KUMAR A. Recent Advances in Genetic Tools for *Acinetobacter baumannii* [J]. Frontiers in Genetics, 2020, 11: 601380.

[5] ALLEN J L, TOMLINSON B R, CASELLA L G, et al. Regulatory Networks Important for Survival of *Acinetobacter baumannii* within the Host [J]. Current opinion in microbiology, 2020, 55: 74-80.

[6] KIM S Y, KIM M H, KIM S I, et al. The sensor kinase BfmS controls production of outer membrane vesicles in *Acinetobacter baumannii* [J]. BMC Microbiology, 2019, 19: 301.

[7] NIU T, GUO L, LUO Q, et al. Wza gene knockout decreases *Acinetobacter baumannii* virulence and affects Wzy-dependent capsular polysaccharide synthesis [J]. Virulence, 2019, 11 (1): 1-13.

[8] UPMANYU K, HAQ Q Mohd R, SINGH R. Factors mediating *Acinetobacter baumannii* biofilm formation: Opportunities for developing therapeutics [J]. Current Research in Microbial Sciences, 2022, 3: 100131.

[9] KALIA V C, PATEL S K S, KANG Y C, et al. Quorum sensing inhibitors as antipathogens: biotechnological applications [J]. Biotechnology Advances, 2019, 37 (1): 68-90.

[10] LEBEAUX D, GHIGO J M, BELOIN C. Biofilm-related infections: Bridging the gap between clinical management and fundamental aspects of recalcitrance toward antibiotics [J]. Microbiology and Molecular Biology Reviews:

MMBR, 2014, 78 (3): 510-543.
[11] ARMBRUSTER C R, PARSEK M R. New insight into the early stages of biofilm formation [J]. Proceedings of the National Academy of Sciences of the United States of America, 2018, 115 (17): 4317-4319.
[12] ABDI- ALI A, HENDIANI S, MOHAMMADI P, et al. Assessment of Biofilm Formation and Resistance to Imipenem and Ciprofloxacin among Clinical Isolates of *Acinetobacter baumannii* in Tehran [J]. Jundishapur Journal of Microbiology, 2014, 7 (1): e8606.
[13] YAN J, BASSLER B L. Surviving as a community: antibiotic tolerance and persistence in bacterial biofilms [J]. Cell host & microbe, 2019, 26 (1): 15-21.
[14] ZHANG K, LI X, YU C, et al. Promising Therapeutic Strategies Against Microbial Biofilm Challenges [J]. Frontiers in Cellular and Infection Microbiology, 2020, 10: 359.
[15] COLQUHOUN J M, RATHER P N. Insights into mechanisms of biofilm formation in *Acinetobacter baumannii* and implications for uropathogenesis [J]. Frontiers in Cellular and Infection Microbiology, 2020, 10: 253.
[16] MONEM S, FURMANEK-BLASZK B, ŁUPKOWSKA A, et al. Mechanisms protecting *Acinetobacter baumannii* against multiple stresses triggered by the host immune response, antibiotics and outside-host environment [J]. International Journal of Molecular Sciences, 2020, 21 (15): 5498.
[17] ASSAIDI A, ELLOUALI M, LATRACHE H, et al. Effect of temperature and plumbing materials on biofilm formation

by *Legionella pneumophila* serogroup 1 and 2-15 [J]. Journal of Adhesion Science and Technology, 2018, 32 (13): 1471-1484.

[18] GEDEFIE A, DEMSIS W, ASHAGRIE M, et al. *Acinetobacter baumannii* biofilm formation and its role in disease pathogenesis: a review [J]. Infection and Drug Resistance, 2021, 14: 3711-3719.

[19] MAYER C, MURAS A, PARGA A, et al. Quorum sensing as a target for controlling surface associated motility and biofilm formation in *Acinetobacter baumannii* ATCC © 17978TM [J]. Frontiers in Microbiology, 2020, 11: 565548.

[20] PAKHARUKOVA N, TUITTILA M, PAAVILAINEN S, et al. Structural basis for *Acinetobacter baumannii* biofilm formation [J]. Proceedings of the National Academy of Sciences of the United States of America, 2018, 115 (21): 5558-5563.

[21] CHAN F K M, LUZ N F, MORIWAKI K. Programmed necrosis in the cross talk of cell death and inflammation [J]. Annual review of immunology, 2015, 33: 79-106.

[22] SHI J, GAO W, SHAO F. Pyroptosis: Gasdermin - mediated programmed necrotic cell death [J]. Trends in Biochemical Sciences, 2017, 42 (4): 245-254.

[23] MAN S M, KARKI R, MALIREDDI R K S, et al. The transcription factor IRF1 and guanylate - binding proteins target AIM2 inflammasome activation by Francisella infection [J]. Nature immunology, 2015, 16 (5): 467-475.

[24] RATHINAM V A K, VANAJA S K, WAGGONER L, et

al. TRIF licenses caspase-11-dependent NLRP3 inflammasome activation by gram-negative bacteria [J]. Cell, 2012, 150 (3): 606-619.

[25] CARRERO J A, CALDERON B, UNANUE E R. Type I interferon sensitizes lymphocytes to apoptosis and reduces resistance to listeria infection [J]. The Journal of Experimental Medicine, 2004, 200 (4): 535-540.

[26] QI X, MAN S M, MALIREDDI R K S, et al. Cathepsin B modulates lysosomal biogenesis and host defense against Francisella novicida infection [J]. The Journal of Experimental Medicine, 2016, 213 (10): 2081-2097.

[27] MURPHY J M, CZABOTAR P E, HILDEBRAND J M, et al. The Pseudokinase MLKL mediates necroptosis via a molecular switch mechanism [J]. Immunity, 2013, 39 (3): 443-453.

[28] CHAWLA-SARKAR M, LINDNER D J. Apoptosis and interferons: Role of interferon-stimulated genes as mediators of apoptosis [J]. APOPTOSIS. 2003; 8 (3): 237-49. doi: 10.1023/a: 1023668705040.

[29] HENRY T, BROTCKE A, WEISS D S, et al. Type I interferon signaling is required for activation of the inflammasome during Francisella infection [J]. The Journal of Experimental Medicine, 2007, 204 (5): 987-994.

[30] GURUNG P, MALIREDDI R K S, ANAND P K, et al. Toll or Interleukin-1 receptor (TIR) domain-containing adaptor inducing interferon-β (TRIF)-mediated caspase-11 protease production integrates toll-like receptor 4 (TLR4) protein-and Nlrp3 inflammasome-mediated host defense against enteropathogens [J]. The

Journal of Biological Chemistry, 2012, 287 (41): 34474-34483.
[31] KANG M, JO S, KIM D, et al. NLRP3 inflammasome mediates interleukin-1β production in immune cells in response to *Acinetobacter baumannii* and contributes to pulmonary inflammation in mice [J]. Immunology, 2017, 150 (4): 495-505.
[32] TAKAOKA A, WANG Z, CHOI M K, et al. DAI (DLM - 1/ZBP1) is a cytosolic DNA sensor and an activator of innate immune response [J]. Nature, 2007, 448 (7152): 501-505.
[33] UPTON J W, KAISER W J, MOCARSKI E S. DAI/ZBP1/DLM-1 complexes with RIP3 to mediate virus-induced programmed necrosis that is targeted by murine cytomegalovirus vIRA [J]. Cell Host & Microbe, 2019, 26 (4): 564.
[34] KURIAKOSE T, MAN S M, MALIREDDI R K S, et al. ZBP1/DAI is an innate sensor of influenza virus triggering the NLRP3 inflammasome and programmed cell death pathways [J]. Science immunology, 2016, 1 (2): aag2045.
[35] LIN J, KUMARI S, KIM C, et al. RIPK1 counteracts ZBP1 - mediated necroptosis to inhibit inflammation [J]. Nature, 2016, 540 (7631): 124-128.
[36] NEWTON K, WICKLIFFE K E, MALTZMAN A, et al. RIPK1 inhibits ZBP1-driven necroptosis during development [J]. Nature, 2016, 540 (7631): 129-133.
[37] SHI J, ZHAO Y, WANG K, et al. Cleavage of GSDMD by inflammatory caspases determines pyroptotic cell death [J]. Nature, 2015, 526 (7575): 660-665.

[38] QI X. Formation of membrane pores by gasdermin-N causes pyroptosis [J]. Science China Life Sciences, 2016, 59 (10): 1071-1073.

[39] SCHNEIDER W M, CHEVILLOTTE M D, RICE C M. Interferon-Stimulated Genes: A Complex Web of Host Defenses [J]. Annual review of immunology, 2014, 32: 513-545.

[40] RICHMOND G E, EVANS L P, ANDERSON M J, et al. The *Acinetobacter baumannii* Two-Component System AdeRS Regulates Genes Required for Multidrug Efflux, Biofilm Formation, and Virulence in a Strain-Specific Manner [J]. mBio, 2016, 7 (2): e00430-16.

[41] 向军, 孙珍, 夏俊星, 等. 烧伤患者气管套管内鲍曼不动杆菌生物膜形成及特征研究 [J]. 上海交通大学学报 (医学版), 2010, 30 (5): 562-565.

[42] DRAUGHN G L, MILTON M E, FELDMANN E A, et al. The structure of the biofilm-controlling response regulator BfmR from *Acinetobacter baumannii* reveals details of its DNA-binding mechanism [J]. Journal of molecular biology, 2018, 430 (6): 806-821.

[43] LIOU M L, SOO P C, LING S R, et al. The sensor kinase BfmS mediates virulence in *Acinetobacter baumannii* [J]. Journal of Microbiology, Immunology and Infection, 2014, 47 (4): 275-281.

[44] CHEN R, LV R, XIAO L, et al. A1S_2811, a CheA/Y-like hybrid two-component regulator from *Acinetobacter baumannii* ATCC17978, is involved in surface motility and biofilm formation in this bacterium [J]. Microbiology Open, 2017, 6 (5): e00510.

[45] RONISH L A, LILLEHOJ E, FIELDS J K, et al. The structure of PilA from *Acinetobacter baumannii* AB5075 suggests a mechanism for functional specialization in Acinetobacter type IV pili [J]. The Journal of Biological Chemistry, 2019, 294 (1): 218-230.

第4章 鲍曼不动杆菌生物膜形成及耐药性

鲍曼不动杆菌（*Acinetobacter baumannii*，Ab）是一种重要的医院获得性病原体，其生物膜形成能力与其耐药性密切相关。生物膜是一种由微生物细胞以及胞外多糖、蛋白质、核酸等胞外聚合物组成的一种特殊结构，能够附着在各种表面，包括医疗设备和宿主组织。鲍曼不动杆菌通过生物膜形成，能够增强其对环境压力的抵抗力，包括抗生素的耐受性，从而在医院环境中长期存活并传播感染。生物膜的形成涉及多个阶段，包括细菌的附着、增殖、成熟和分散。在生物膜状态下，鲍曼不动杆菌表现出与浮游细菌不同的生理和代谢特性，这使得它们对抗生素的敏感性降低。例如，生物膜中的细菌可以通过限制抗生素的渗透、增加抗生素的降解以及激活耐药基因等方式来抵抗抗生素的攻击。此外，生物膜中的细菌还能够通过水平基因转移（HGT）获得新的耐药基因，进一步加剧了耐药性的发展。鲍曼不动杆菌的耐药性问题日益严重，尤其是在面对碳青霉烯类抗生素时。碳青霉烯类抗生素曾是治疗多重耐药细菌感染的最后一道防线，但鲍曼不动杆菌对这类抗生素的耐药性不断增加，给临床治疗带来了巨大挑战。耐药机制包括产生碳青霉烯酶、改变外膜蛋白结构、过表达外排泵以及获得耐药基因等。这些机制使鲍曼不动杆菌能够有效抵抗抗生素的作用，导致治疗失败和感染的持续传播。因此，深入研究鲍曼不动杆菌生物膜形成及其耐药性机制，对于开发新的治疗策略和控制医院感染具有重要意义。这不仅有助于我们更好地理解细菌的生存策略，还能够为设计针对生物膜的新型抗菌剂和治疗方法提供理论依据。

一、生物膜的形成过程

生物膜的形成是一个复杂的多步骤过程,涉及细菌从浮游状态(Planktonic State)转变为表面附着的群落。以下是生物膜形成的一般过程。

(一) 初始附着 (Initial Attachment)

(1) 表面接触。细菌通过物理动力(如流动)或化学吸引与表面接触。

(2) 黏附素作用。细菌表面的黏附素(如外膜蛋白、多糖、纤维连接蛋白等)与表面相互作用,促进附着。

(3) 环境因素。表面特性(如疏水性/亲水性)、温度、pH 和营养状况影响初始附着。

(二) 微生物群落发展 (Microcolony Development)

(1) 细胞增殖。附着的细菌开始繁殖,形成微菌落。

(2) 群体感应(QS)。细菌通过群体感应系统进行细胞间通信,协调群体行为,如生物膜的形成和维持。

(三) 生物膜成熟 (Biofilm Maturation)

(1) 胞外多糖基质(EPS)分泌。细菌分泌 EPS,包括多糖、蛋白质、核酸和脂质,形成生物膜的基质。

(2) 多层结构形成。生物膜发展出多层结构,内部形成水通道和营养梯度,有利于物质交换和细胞间通信。

(3) 菌落分化。生物膜内部的细菌可能分化为不同的功能群体,以适应不同的微环境。

(四) 维护和修复 (Maintenance and Repair)

(1) 生物膜维护。细菌通过持续分泌 EPS 和调整群体感应信号来维护生物膜的结构和功能。

(2) 损伤修复。生物膜具有一定的自我修复能力，能够对损伤部分进行修复。

(五) 分散和脱落 (Dispersion and Detachment)

(1) 生物膜分散。在某些环境信号或营养限制的情况下，生物膜中的细菌可能会从生物膜中分散出去，形成新的生物膜或回到浮游状态。

(2) 脱落机制。生物膜的脱落可以是由机械力、酶解作用或环境变化等因素导致。生物膜的形成和维持是一个动态过程，受到多种因素的影响。生物膜的形成增加了细菌对抗生素和宿主免疫系统的抵抗力[5]，使得感染更难治疗。因此，理解生物膜的形成机制对于开发新的治疗策略至关重要。

二、生物膜形成机制

鲍曼不动杆菌 (Acinetobacter baumannii, Ab) 是一种普遍存在于自然界及人体皮肤、呼吸道、消化道和泌尿生殖道的一种条件致病菌，具有较强耐药性及粘附能力。近年来国内外研究发现，Ab 的感染率及耐药率逐年上升。在我国，据 2017 年中国 CHINET 细菌耐药监测显示，Ab 临床分离率已经超过铜绿假单胞菌成为最常见的非发酵糖革兰氏阳性杆菌，且对多种抗菌药物高度耐药。其中，亚胺培南和美罗培南的耐药率由 2010 年的 31% 和 39% 分别上升至 2017 年的 66.7% 和 69.3%，即耐碳青霉烯鲍曼不动杆菌 (Carbapenem-resistant A. baumannii, CR Ab) 逐渐增多。Lob、Giammanco 等人研究发现，在美国和欧洲 Ab 引起的感染占全部的

2%，但亚洲和中东是其2倍，虽然感染率低于其他革兰氏阳性菌，但多重耐药鲍曼不动杆菌（Multidrug resistant *Acinetobacter baumannii*，MDR-AB）的发生率很高。2017年WHO将MDR-AB列入对人类健康最大威胁的因素之一。MDR-AB被认为是多重耐药菌"ESKAPE"中的一员，对全球医疗保健领域存在巨大的威胁。Ab存在多种耐药机制，至今尚未完全明确。但多项研究表明，细菌生物被膜的形成是Ab耐药机制之一。

生物被膜（biofilm，BF）是指原核或真核微生物黏附于生物活性或非生物活性物质表面，被自身分泌的胞外多聚物（extracellμlla polymeric substance，EPS）和基质包绕的，具有结构性、组织性、功能性和协调性的微生物膜性聚合物。BF并不是单纯的细胞集合体，而是与浮游状态相对的细菌生存方式，具有类似高等生物组织功能的细胞群体。BF的形成可以保护膜内细菌免受宿主免疫清除及抗菌药物的破坏。研究表明，营养受限、缺氧、pH改变以及抗菌药物的广泛使用，可以促使细菌生物被膜的形成。随着医学技术的发展和介入性治疗的日益增加，气管导管、血管内导管、导尿管、引流管、透析管等内置导管被广泛使用，其引发的感染也成了不容忽视的问题。国内外诸多研究表明，内置导管可以增加鲍曼不动杆菌感染及耐药性，并可以促进细菌生物被膜的形成[6]。有文献报道，生物被膜状态的细菌较浮游状态耐药性增加10~1 000倍，因此，BF形成是细菌耐药的重要机制之一。

三、鲍曼不动杆菌耐药现状

鲍曼不动杆菌（*Acinetobacter baumannii*，Ab），是一种非发酵、需氧的革兰氏阴性条件致病菌。该菌因为能够在多种温度和pH下生长而广泛分布于水和土壤等环境中。在人体内的体液、皮肤及黏膜、腔道器官表面、手术切口、中枢神经系统、眼睛，以及导管、人工脏器类植入性医疗器材等多处均能够生存并造成感染。感染通常发生在免疫缺陷患者，能够引起肺炎、菌血症、髓膜炎、尿道炎、胆管炎、盲肠炎、心内膜炎等多种感染性疾病，病死率高达2%。在军队伤员中感染也非常普遍。鲍曼不动杆菌在医院以及环境中广泛长期地存在，一个主要原因是其耐药性强。从20世纪70年代以来，该菌对除多黏菌素外的各大类抗生素的耐药率一直在持续上升，多重耐药和泛耐药菌逐渐广泛传播，甚至出现了全耐药的鲍曼不动杆菌。由于多重耐药和泛耐药率高，鲍曼不动杆菌被美国感染性疾病协会（Infectious Diseases Society of America，IDSA）列为给医疗卫生服务系统造成巨大挑战的七大病原菌之一。除此之外，有研究发现分离自捷克、英国、葡萄牙、美国的多重耐药鲍曼不动杆菌在遗传背景上具有高度相似性。这一结果说明耐药菌在全球范围内具有很强的流行优势。在我国，鲍曼不动杆菌早在2010年分离率就已超过铜绿假单胞菌，成为最重要的医院感染非发酵菌种，在所有临床分离的病原菌中的比例也进入了前5名。其耐药形势同样日益严峻。研究表明2003—2011年，该菌对哌拉西林、替卡西林/克拉维酸、哌拉西林/他唑巴坦、亚胺培南、头孢他啶、庆大霉素、阿米卡星、加替沙星等多种抗生素的耐药率都在不断提高，特别是对亚胺培南的耐药率，从不到10%提高到了近70%。多重耐药率也从2012年报道的46.9%提高到2015年的68.2%[14]。这些研究结果提示，我国鲍曼不动杆菌的分离率和耐药率都很高，给感染的预防和治疗带来了极大的挑战。继续深入研究鲍曼不动杆菌的遗传多态性，有助于有针对性地提出治疗策略[7]。

　　BF主要由细菌及自身分泌的胞外基质组成，而胞外基质是由胞外多糖（exopolysaccharides）、胞外DNA（extracelluar DNA，eDNA）、蛋白质、脂质和水分组成。其中胞外多糖和eDNA被认为是最重要的成分，二者构成了BF的骨架结构，可以将细菌细胞包绕其中。根据细菌位置的不同，生物膜可以分为浅层生物膜和深层生物膜。表层生物膜营养及氧气充分，代谢产物容易排出，因此，表层生物膜细菌代谢活跃；深层生物膜处于深部，缺乏营养和氧气，因此代谢缓慢,常常处于休眠状态,细胞分裂较慢,不利于抗菌药物清除,且经常导致慢性持续性感染。多项国内外文献报道,BF的生长发育是一个动态过程,一个完整的 BF 形成一般需要 5 个阶段,即可逆黏附期、不可逆黏附期、生物膜初步形成期、生物膜成熟稳定期和解聚播散期。

(1) 可逆黏附期(reversible attachment)。主要是指浮游细菌最初附着于载体表面,此时黏附力并不牢固,黏附的细菌可以形成生物膜,也可以恢复为浮游状态,该过程是生物膜形成的基础。

(2) 不可逆黏附期(irreversible attachment)。是指随着黏附作用的增强,细菌自身分泌胞外基质,将细菌彼此黏连并牢固地黏附于物体表面,此时的细菌不能恢复到浮游状态。

(3) 生物膜初步形成期(preliminaryformation)。是指牢固地附着于载体表面的细菌不断地复制增殖,并分泌大量的胞外基质,使细菌之间紧密连接,逐步形成结构致密的细菌群落。

(4) 生物膜成熟稳定期(maturation)。随着细菌群落的逐渐扩大增厚以及外界环境的不同,细菌群落逐渐形成具有多种结构特点以及运输营养及代谢废物等功能特点的复杂的空间结构。

(5) 解聚播散期(depolymerization and dissemination)。菌落成熟发育后,其空间结构的某些位置可以形成空洞,空洞中存在着游离状态的细菌,在一定的时期,该空洞裂解释放游离细菌,此时,浮游状态下的细菌被释放到周围环境中,一方面形成新的生物被膜,另一方面,可以造成新的感染灶。细菌生物被膜的形成是一个动态的、循序渐进的,具有多种物质及信号分子参与的复杂过程。对生物膜形成过程进行干预,是预防细菌耐药性增加的一个重要手段。

生物膜中的细菌可能通过隐藏在 EPS 中来逃避宿主免疫系统的监视和攻击,减少免疫介导的清除。

耐药和生物膜是细菌赖以生存的两大重要能力,明确这二者之间的关系对深入理解细菌生物膜,寻找有效的生物膜相关感染防治方法有重要帮助。它们的关系主要体现在以下三个方面。首先，这两种能力大小之间的关系在不同细菌中都有研究，但是至今没有定论。例如，Abidi 等研究了 22 株铜绿假单胞菌得出多重耐药菌形成的生物膜更强；Atashili 等则发现不同耐药能力的金黄色葡萄球菌生物膜形成能力没有差异。对鲍曼不动杆菌，Gurung 等研究了 60 株菌，发现生物膜形成能力与细菌耐药能力呈正相关；而 Rodriguez-Bano 等同样发现能够形成生物膜的菌株往往对亚胺培南和环丙沙星敏感，提出这些细菌在生存能力上相对于不能形成生物膜的细菌来说不太依赖自身的耐药能力。机制方面，Gallant 等发现在铜绿假单胞菌中，β-内酰胺酶基因 *blaTEM*-1 能够通过干扰细胞黏附而抑制生物膜的形成，这就从基因层面上对生物膜形成能力和细菌耐药能力之间的关系给出了初步提示。但这两种能力大小之间的关系究竟如何还需要进一步研究。其次，有研究发现在铜绿假单胞菌、大肠杆菌和金黄色葡萄球菌中，低浓度的抗生素能够促进生物膜的形成，提示生物膜的形成是细菌对包括抗生素在内的外部压力的总体应答的结果，当耐药能力受到挑战时，生物膜就会变强，提高细菌的生存能力，但是其中的机制尚不清楚。最后，细菌形成生物膜后耐药能力显著提升。这其中的机制以往认为是生物膜结构形成的物理屏障对抗生素渗透起到阻止作用；以及细菌的生化代谢活性减低从而降低了对抗生素的敏感性。最近的研究发现，持留菌在生物膜中的比例远远高感应系统、外排泵的上调，以及抗生素靶基因突变率提高等，都能够导致生物膜状态菌的敏感性降低。另外，虽然有研究结果显示细菌形成生物膜后耐药能力能够较游离状态提升 10~1 000 倍，但是这个增幅具体由哪些因素决定，它与生物膜的强弱以及细菌耐药能力的关系如何都还不清楚。如果能够明确细菌形成生物膜后对不同抗生素的耐药增幅，将对实际工作中选择抗生素及调整剂量，提高清除效率，具有切实的指导意义[8]。在鲍曼不动杆菌中鉴定出四种常见的金属 β-内酰胺酶基因，如 *IMP*（亚胺培南酶）、*VIM*（维罗纳整合子编码的金属 β-内酰胺酶)、SIM（首尔亚胺培南酶）和 NDM（新德里金属 β-内酰胺酶)。已发现鲍曼不动杆菌中鉴定出的 VIM 和 IMP 变异体对大多数 β-内酰胺类抗生素具有耐药性，但氨曲南除外，因为它们具有高效的水解特性（图 4-1)。迄今为止，已在鲍曼不动杆菌中鉴定出六种 IMP 变异体（IMP-1、IMP-2、IMP-4、IMP-5、IMP-6 和 IMP-11）对碳青霉烯类抗生素具有耐药性，而 VIM 酶在鲍曼不动杆菌中并不常见。此外，韩国的鲍曼不动杆菌菌株被发现携带 SIM-1，据信 SIM-1 在韩国广泛传播，导致碳青霉烯类抗生素耐药。7NDM-1 是一种新型金属 β-内酰胺酶基因，能够导致对几乎所有 β-内酰胺类抗生素（包括碳青霉烯类抗生素）的耐药[9]。NDM-1 通常由可传播的质粒携带，导致扩散到 XDR 型螃蟹感染，因此在临床表现期间具有高度的威胁性（图 4-1)

四、生物膜耐药机制

生物膜是一种可以保护细菌不受环境影响、逃避宿主免疫攻击以及抗菌药物破坏的生物学状态，其耐药机制尚不明确，可能与以下几点相关。第一，生物膜的渗透限制作用。胞外基质是造成该作用的主要物质，具有分子屏障和电荷屏障的作用，是生物膜细菌耐药的重要机制之一。成熟稳定的细菌生物膜是由大量胞外基质及高密度细菌组成的，具有致密空间结构的细胞高聚物。其三维空间结构不仅限制了抗生素的穿过，同时也可以减慢抗生素的扩散速度，从而使抗生素的有效浓度降低，使其不能发挥杀菌作用。有研究证明，生物膜的厚度与其耐药性存在线性关系，即生物膜越厚，细菌耐药性越强，胞外基质质量越多，生物膜越难以清除。第二，生物膜的营养限制学说。生物膜由外到内，由表及里，营养物质梯度下降。浅层生物膜内氧气、水分及代谢营养物质相对充足，使细菌生长速度较快、代谢水平较高，代谢废物排泄率高，抗生素可以通过影响细菌代谢环节从而杀死细胞。但由于营养物质浓度逐渐降低，深层生物被膜内的细菌处于饥饿状态,生长速度较慢、代谢率较低、分裂也不活跃,且有大量的代谢废物堆积,抗生素不能通过干预代谢环节而清除生物膜。从而导致部分表层生物膜细菌可被杀死,深层细菌影响不大,抗生素治疗停止后,残存的细菌可迅速繁殖,并形成耐药性更强的生物膜,从而使感染迁延。此外,由于深层生物膜无氧代谢增加,酸性代谢产物堆积,使 pH 值降低,进一步使药物敏感性降低及耐药性增强。第三,基因表达上调。基因表达上调主要表现在生物膜生成基因、耐药性相关基因及外排泵相关基因的表达上调。Rumbo-Feal 等实验发现,生物膜状态与浮游状态的细菌比较,其基因表达显著不同,多种基因在被膜状态下表达上调,且部分基因仅在被膜状态下表达。有研究发现,*cusA/BABCD*、*ompA*、*blaPER-1*、*abaI* 以及 *ST25*、*ST78* 在细菌黏附和生物被膜形成及稳定起着重要的作用。整合子被证明与生物膜形成有关,尤其是 I 类整合子,在生物膜状态的鲍曼不动杆菌表达量是浮游状态的 4 倍。菌毛合成系统相关的全部 6 个基因均存在于生物被膜菌中,其有利于 Ab 生物被膜的黏附、形成和稳定。*Bap* 基因编码的蛋白质被证明与生物膜成熟及维持完整性相关。多项研究表明细菌生物膜形成与多基因共同作用有关,且不排除环境因素等其他因素的影响,但具体相关性暂不明确,有待进一步研究。

群感效应(quorum sending,QS)是细菌间信号传递的机制,通过小分子信号分子来完成彼此之间的信号传递、启动基因表达及协调细菌群体。据研究报道,QS 分为三类:一类以酰基高丝氨酸为自诱导分子广泛存在于革兰氏阳性菌中;另一类是以寡肽类物质为自诱导分子的密度信号感应系统,存在于革兰氏阳性菌中;还有一类以呋喃硼酸二酯为自诱导分子的密度感应系统,革兰氏阳性菌及革兰氏阳性菌中均存在。QS 系统既可以在同种间发挥作用,也可以作用于不同菌种之间,从而造成多重感染。目前,研究表明,QS 系统通过调控生物膜形成和外排泵作用来增加细菌耐药性。多项研究表明,鲍曼不动杆菌主要以乙酰基高丝氨酸为信号分子完成群体感应。深入研究 QS 系统，对耐药机制研究及防治具有重要的意义。

免疫逃逸。生物膜状态下的细菌，在对抗抗生素治疗和免疫系统的敏感度降低。生物膜形成后，吞噬细胞及中性粒细胞在生物膜表面堆积，发挥吞噬作用和释放溶酶体及蛋白水解酶等，但由于细菌包绕在胞外基质内，仅有一部分表层细菌被破坏。而这一过程，可以引起周围组织免疫损伤和炎症反应，使损伤加重[10]。总之，生物膜耐药机制复杂，耐药机制尚不明确，但随着研究的进一步深入，耐药机制的理解会日渐清晰，为防治细菌提供新的思路。

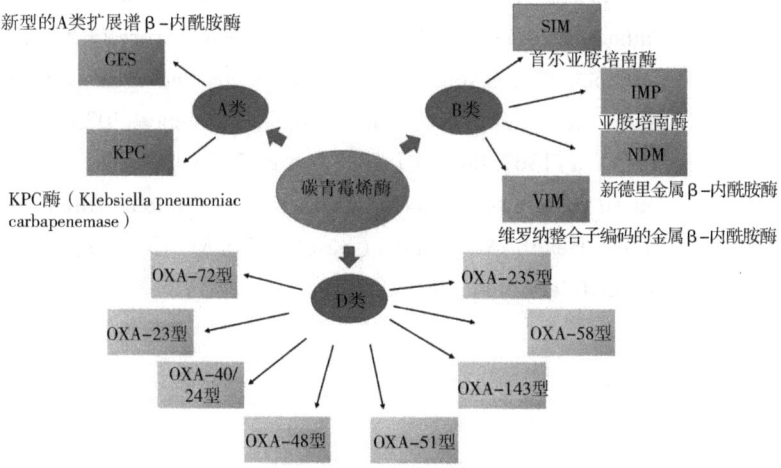

图 4-1 鲍曼不动杆菌的获得性耐药机制

参考文献

[1] MEA H J, YONG P V C, WONG E H. An overview of *Acinetobacter baumannii* pathogenesis：Motility, adherence and biofilm formation ［J］. Microbiological Research,

2021, 247: 126722.

[2] SUN X, XIANG J. Mechanism underlying the role of LuxR family transcriptional regulator abaR in biofilm formation by *Acinetobacter baumannii* [J]. Current Microbiology, 2021, 78 (11): 3936-3944.

[3] Biology of *Acinetobacter baumannii*: Pathogenesis, Antibiotic Resistance Mechanisms, and Prospective Treatment Options. Front Cell Infect Microbiol. 2017; 7 55. doi: 10. 3389/fcimb. 2017. 00055.

[4] *Acinetobacter baumannii* Antibiotic Resistance Mechanisms. Pathogens. 2021; 10 (3): doi: 10. 3390/pathogens10030373.

[5] Carbapenem-resistant *Acinetobacter baumannii* raises global alarm for new antibiotic regimens. iScience. 2023; 27 (12): 111367. doi: 10. 1016/j. isci. 2024. 111367.

[6] Antimicrobial Resistance in Livestock: A Serious Threat to Public Health. Antibiotics (Basel) . 2023; 13 (6): doi: 10. 3390/antibiotics13060551.

第5章 鲍曼不动杆菌群感效应与耐药性

鲍曼不动杆菌的群体感应（Quorum Sensing，QS）系统通过调控生物膜形成和外排泵表达，显著增强了其耐药性。QS系统是一种细胞间通讯机制，通过合成和感知自诱导信号分子来协调细菌群体行为。在鲍曼不动杆菌中，QS系统（如AbaI/AbaR系统）能够调控生物膜的形成，而生物膜作为一种保护性结构，可限制抗生素的渗透，从而增强耐药性。此外，QS系统还通过上调外排泵基因的表达，促进抗生素从细胞内排出，进一步降低药物的有效浓度。近年来，研究者们探索了通过干预QS系统来削弱鲍曼不动杆菌耐药性的策略，例如群体感应抑制剂（Quorum Sensing Inhibitors，QSI）可通过降解或干扰信号分子来阻断QS过程，从而减少生物膜形成并降低耐药性。这些研究为开发新型抗菌策略提供了理论基础。

一、鲍曼不动杆菌群感效应

鲍曼不动杆菌是ESKAPE病原体的成员之一，ESKAPE病原体是一群有能力逃避抗菌药物破坏作用的医院病原体[1]。主要感染部位是下呼吸道，感染率达57.6%，其次是血流感染，感染率为23.9%及皮肤或伤口感染，感染率为9.1%。表现为呼吸机相关性肺炎、尿路感染、败血症、软组织感染、腹部感染以及中枢神经系统感染。感染者死亡率高达26%，ICU患者高达43%[2]。鲍曼不动杆菌的致病机理由多种毒力因子组成，包括生物膜形成、微量营养素获取系统、黏附性、运动性、外膜蛋白、脂多糖、法定量感应和蛋白质分泌系统。在这些因素中，细菌的群感效应和生物膜形成是关键的毒力机制，一直被报道为具有吸引力的抗病毒治疗靶点。群感效应控制着病原菌中几种毒力因子的表达。破坏这一细菌通信系统可同时中断多种毒力因子。此外，大多数鲍曼不动杆菌感染都会形成生物膜，这是导致持续感染的主要因素。生物膜内的细菌对抗生素的耐药性可提高1 000倍。因此，生物膜的生长使抗生素治疗更加复杂。过去几十年中，出现了与耐多药鲍曼不动杆菌（MDR-AB）相关的感染暴发，严重限制了最后的抗生素治疗选择。碳青霉烯类抗生素的鲍曼不动杆菌菌株正在以惊人的速度向全球扩散。中国耐碳青霉烯类药物的分离株从2005年的31%增加到2014年的66.7%。根据中国细菌耐药监测网（CHINET）2023年的最新数据，鲍曼不动杆菌对碳青霉烯类抗生素（亚胺培南和美罗培南）的耐药率高达73%以上。

群体感应系统（Quorum Sensing，QS）是在微生物界广泛存在的一个细胞间通信信号系统[3]。通过QS，细菌合成、分泌和相互接收信号分子，调控基因表达，诱发生物荧光、生物膜形成、形成细胞外多糖及产生毒力因子等行为[4]，使得细菌能够作为一个群体共同应对周围环境的改变，产生细菌耐药、产生毒力等不良后果。鲍曼不动杆菌的QS系统新近发现，由自身诱导物合成酶（AbaI）和自身诱导物受体（AbaR）双组分系统[5]组成（图5-1），该系统由abaI和abaR基因编码，分别合成AbaI和AbaR受体蛋白，AbaI负责合成自诱导物分子N-酰基高丝氨酸内酯（N-Acyl-Homoserinelactone，AHL），AbaR是群体感应信号分子AHL的受体，同时也是群体感应的转录调节蛋白[6]。当所分泌的信号分子AHL在细菌间浓度积累达到阈值时，将会与同源受体蛋白AbaR结合，形成复合物，进一步促进AbaI合成AHL，触发级联反应，启动下游QS基因的表达，产生众多生物行为，调控细菌的生活习性和生理功能，群体感应系统充当了协助细菌耐药形成的角色,如毒性因子的产生、生物膜的形成和主动外排系统功能的增强具有一定的调控作用[7],使细菌表现出高致病性和高耐药性[8]。

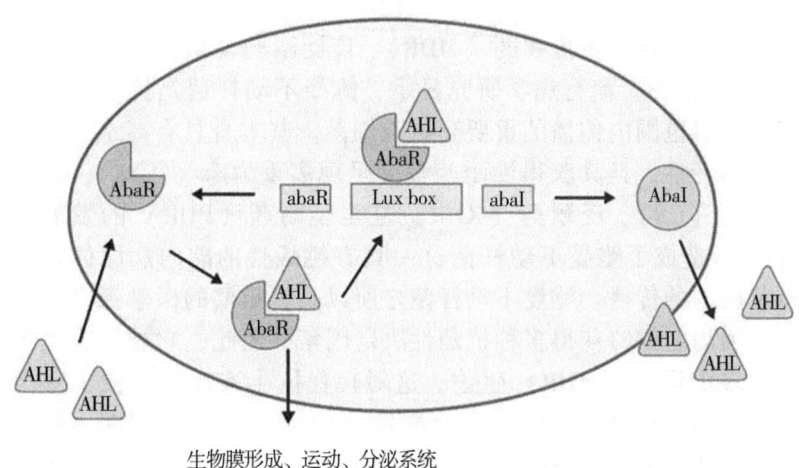

图 5-1　由 AbaI/AbaR 双组分系统介导的鲍曼不动杆菌群感效应机制

二、耐药性

鲍曼不动杆菌在 2005 年到 2022 年的 17 年间,对亚胺培南耐药率从 32.9%增长到 71.3%,增长了 38.4%;对美罗培南耐药率从 41.3%增长到 71.9%,增长了 30.6%;对这两种主要的碳青霉烯类抗菌药物耐药率增长近 2 倍。目前,鲍曼不动杆菌的耐药呈耐药、多重耐药、泛耐药、全耐药的趋势。尤其是碳青霉烯类耐药鲍曼不动杆菌已被 WHO 列为对人类健康构成严重威胁的病原体,成为我国乃至国际上重要的"超级细菌"[9]。细菌耐药和抗菌药物使用时间与剂量有自从抗菌药物诞生后,细菌耐药就相伴而生。随着抗菌药物的使用,细菌耐药机制也不断发展,两者维持着微妙的平衡。但由于抗菌药物的滥用，迫使细菌承受过度的选择压力，促进了耐药菌株与耐药基因的形成和转移，诱导了耐药性的过度发展。使得这种平衡被打破，天平向着耐药的方向倾斜[7]。由于抗生素的广泛使用，鲍曼不动杆菌的耐药性逐年上升，形成了多重耐药（MDR）、广泛耐药（XDR）和全耐药（PDR）菌株。流行病学研究显示，鲍曼不动杆菌是抗生素耐药性在世界范围内传播的重要高风险细菌。其本身具有高水平天然固有耐药性，且其获得性耐药程度呈现多重耐药（MDR）、碳青霉烯药（CR）、泛耐药（XDR）甚至全耐药（PDR）的发展趋势[10]。造成了鲍曼不动杆菌这一具有挑战性的院内病原体在全球范围内的传播。鲍曼不动杆菌之所以具有重要的医学意义，主要是因为它能够获得多种抗药性决定因素。因此，它被认为是可怕的多重耐药（MDR）生物。这对现代抗生素疗法构成了重大威胁，因为鲍曼不动杆菌不断进化，已对抗生素产生了明显的耐药性，严重危及有效的治疗方案。因此，这些细菌会在重症监护病房的病人中迅速传播，导致潜在的流行病。

QS系统在鲍曼不动杆菌的耐药性中确实发挥着重要作用，且耐药性机制复杂多样。可分为如下几种（表5-1）。

（1）外排泵系统。细菌主动外排系统即外排泵，是一组能将有害物质泵出菌体外的转运蛋白，由外膜孔道蛋白、内膜转运载体及连接蛋白组成，其大量表达可造成耐药，是细菌的"解毒泵"。将有害物质从细菌细胞内泵到外部环境中，是细菌产生耐药性的主要原因之一，主要分为以下6个超家族：ATP结合盒（ATP-bindingcassette，ABC）家族、主要易化子超家族（majorfacilitatorsuperfamily，MFS）、小多重耐药（smallmultidrugresistance，SMR）家族、耐药结节分化（resistance-nodulation-division，RND）家族、多药与毒物外排（multidrug and toxin extrusion，MATE）家族及蛋白细菌抗菌化合物外排（proteo-bacterial antimicrobial compound efflux，PACE）家族。在鲍曼不动杆菌中，除PACE超家族外，其余外排泵超家族的转运蛋白均参与了表面相关运动，缺乏外排泵的突变体，其运动性和毒力均较低，这与外排泵参与表面活性物质或群体感应（quorum sensing，QS）信号分子转运及参与趋化作用相关。能通过此功能对多种抗菌药物形成多重耐药。

（2）生物膜形成。生物膜是细菌附着在表面形成的微生物群落，鲍曼不动杆菌的生物膜具有强大的耐药性。其生物膜的形成与群体感应系统密切相关，群体感应信号分子可以调控生物膜的合成和成熟。

（3）酶的产生。鲍曼不动杆菌可产生多种酶，如β-内酰胺酶，水解β-内酰胺类抗生素，使其失去活性。

（4）靶位点改变。细菌细胞内的抗生素靶位点（如青霉素结合蛋白）发生突变，导致抗生素无法有效结合，从而产生耐药。

表5-1 抗药性机制及其靶点

抗生素	抵抗机制	目标、渗透性缺陷	示例
β-内酰胺、β-内酰胺酶	渗透性、外排泵	Targate突变 Ambler A、B、C、D类外膜孔蛋白、RND泵、PBP	OXA-23、24/40、58 OmpA/B/C/D、Omp25、Omp33、AdeABC、
四环素	外排泵、核糖体保护	RND泵、Tet泵	AdeABC、TetA、TetB
氟喹诺酮类药物	目标突变，外排泵	RNA回旋酶、DNA拓扑异构酶Ⅳ、RNA泵	Gry A、Par C、AdeABC
氨基糖苷类	拖拽失活酶、目标突变、外排泵	氨基糖苷修饰酶、16s甲基化酶基因、RND泵	ArmA、rmt、Ade-ABC
多黏菌素	目标突变	脂质A修饰pet N转移酶，降低外膜稳定性	PmrC、LpsB、LptD

参考文献

[1] LAW S K K, TAN H S. The role of quorum sensing, biofilm formation, and iron acquisition as key virulence mechanisms in *Acinetobacter baumannii* and the corresponding anti-virulence strategies [J]. Microbiological Research, 2022, 260: 127032.

[2] 黄群, 苗光新, 刘金霞, 等. 住院患者鲍曼不动杆菌院内感染的分布及防治措施 [J]. 河北医学, 2017, 23 (12): 1948-1952.

[3] 窦懿. 鲍曼不动杆菌群体感应系统信号分子 N-酰基高丝氨酸内酯的鉴定以及与耐药基因相关性的研究 [D]. 上海交通大学, 2015. 博士.

[4] 唐婕. 鲍曼不动杆菌临床株耐药、毒力特征及其与 AbaI/AbaR 群体感应系统相关性研究 [D]. 吉林大学, 2019. 硕士.

[5] XIONG L, YI F, YU Q, et al. Transcriptomic analysis reveals the regulatory role of quorum sensing in the *Acinetobacter baumannii* ATCC 19606 via RNA-seq [J]. BMC Microbiology, 2022, 22 (1): 198.

[6] AZIMI S, KLEMENTIEV A D, WHITELEY M, et al. Bacterial Quorum Sensing During Infection [J]. Annual Review of Microbiology, 2020, 74 (1): 201-219.

[7] 袁光英, 王孟龙, 俞晓兰, 等. 细菌耐药机理及应对策略 [J/OL]. 国外医药（抗生素分册）, 2025, (02): 107-115 [2025-04-07]. https://doi.org/10.13461/j.cnki.wna.005630.

[8] 廖佳馨, 胡韦维. 群体感应系统信号分子受体 abaR 基

因对鲍曼不动杆菌致病性和获得性耐药的影响［J］．重庆医科大学学报，2025，50（01）：52-57．DOI：10.13406/j.cnki.cyxb.003634.

［9］ 蔡杨．泛耐药鲍曼不动杆菌耐药机制与联合抗菌作用的研究［D］．成都医学院，2023．DOI：10.27843/d.cnki.gcdyy.2023.000315．硕士．

［10］ 抗菌药物对泛耐药鲍曼不动杆菌群体感应系统的影响［D］．成都医学院，2024．DOI：10.27843/d.cnki.gcdyy.2024.000037 硕士．

第6章 鲍曼不动杆菌治疗的临床药物

目前,鲍曼不动杆菌的抗生素治疗有两种方案:一种是药物β-内酰胺类抗生素、碳青霉烯类和氟喹诺酮类(以及治疗尿路感染的氨基糖苷类)是治疗易感分离菌的首选抗生素。另一种是药物包括多黏菌素类(如可乐定和多黏菌素B)和四环素衍生物(如米诺环素和替加环素),这些药物对耐药菌株有效。某些碳青霉烯类药物(如亚胺培南和美罗培南)对敏感的醋烷杆菌菌株具有很高的杀菌活性。在使用前,必须确定分离菌株对特定碳青霉烯类药物的敏感性,因为对亚胺培南敏感的分离菌株也可能对美罗培南耐药,反之亦然。此外,据报道,碳青霉烯酶抑制剂可有效治疗鲍曼不动杆菌医院获得性肺炎或呼吸机相关肺炎。这包括最近一类名为舒巴坦-杜鲁巴坦(betalactam)酶抑制剂的一线抗生素。

常用抗菌药物如表6-1所示。

一、β-内酰胺酶抑制剂复合制剂

1. β-内酰胺酶抑制剂的作用机制

β-内酰胺酶抑制剂能够抑制部分β-内酰胺酶,避免β-内酰胺类抗生素被水解而失活。这对于治疗产β-内酰胺酶细菌感染至关重要。β-内酰胺酶是革兰氏阳性菌对β-内酰胺类抗生素耐药的最重要机制之一。

2. 常用的 β-内酰胺酶抑制剂复合制剂

临床上常用的 β-内酰胺酶抑制剂主要有克拉维酸、舒巴坦、他唑巴坦等。这些抑制剂常与 β-内酰胺类抗生素联合使用，能使 β-内酰胺环免遭水解，保护 β-内酰胺类抗生素的抗菌活性。

3. 在鲍曼不动杆菌治疗中的应用

β-内酰胺酶抑制剂复合制剂对鲍曼不动杆菌的抗菌活性主要由舒巴坦单独的抗菌活性所决定。舒巴坦对多药耐药鲍曼不动杆菌有较好的抗菌活性，并且抗菌有效浓度在体内是可以达到的。代表药物包括氨苄西林/舒巴坦，头孢哌酮/舒巴坦，哌拉西林/舒巴坦。

4. 治疗原则

鲍曼不动杆菌感染的治疗应综合考虑感染病原菌的敏感性、感染部位及严重程度、患者病理生理状况和抗菌药物的作用特点。应根据药敏试验结果选用抗菌药物，并考虑联合用药，特别是对于 XDRAB 或 PDRAB 感染。

二、碳青霉烯类

碳青霉烯类抗生素属于广谱、强效的 β-内酰胺类抗生素，抗菌谱广泛。基于临床应用与结构特性，常见的碳青霉烯类抗生素如下。

1. 常见的碳青霉烯类抗生素

①亚胺培南。常与西司他丁（一种肾脏脱氢肽酶抑制剂）联合使用，增强药效。

②美罗培南。单一成分，具有低肾毒性，对葡萄球菌和肠球菌属的抗菌作用相对较弱。

③帕尼培南。与倍他米隆（一种近端肾小管有机阴离子输送系统抑制剂）联合使用。

④比阿培南。较晚上市，具有强效的抗菌活性。

⑤厄他培南。抗菌谱相对较窄，对铜绿假单胞菌、不动杆菌等

非发酵糖细菌抗菌作用差。

2. 碳青霉烯类抗生素的治疗原理

碳青霉烯类抗生素的主要作用机制是通过抑制细菌的细胞壁合成来发挥抗菌作用。

①PBPs（青霉素结合蛋白）抑制。碳青霉烯类抗生素能够抑制细菌的 PBPs，阻断细菌细胞壁合成的过程，导致细菌死亡。

②广谱抗菌活性。碳青霉烯类抗生素对多种细菌有效，包括对许多其他抗生素有耐药性的细菌。

③耐酶性。与其他 β-内酰胺类抗生素相比，碳青霉烯类抗生素具有更好的耐酶性，能够抵抗多种 β-内酰胺酶的水解作用。

3. 治疗原则

在治疗中，碳青霉烯类抗生素的使用应遵循以下原则。

①适应证把控。严格掌握药物临床应用适应证，主要针对多重耐药但对本类药物敏感的需氧革兰氏阳性杆菌所致严重感染。

②病原学诊断。在应用碳青霉烯类抗菌药物前，必须送检标本做病原学检查，明确病原及药敏结果时，应当及时进行病情评估，合理采用降阶梯治疗。

③剂量调整。对于肾功能不全患者或存在肾功能下降的老年人需要减量使用；肝功能不全患者使用时一般无须调整剂量。

④避免滥用。多重耐药定植菌或携带状态，不宜使用碳青霉烯类抗菌药物治疗，以减少耐药性的增加。

三、多黏菌素类

1. 多黏菌素剂型

多黏菌素类抗生素是一组从多黏芽孢杆菌培养液中获得的多肽类抗生素，主要有以下几种剂型。

①多黏菌素 B（Polymyxin B）。硫酸多黏菌素 B 是其常用

剂型。

②多黏菌素 E（Polymyxin E）。也称为黏菌素（Colistin），其常用剂型有多黏菌素 E 甲磺酸钠（CMS）和硫酸多黏菌素 E。

③硫酸多黏菌素 E。在中国临床应用的剂型。

2. 多黏菌素类抗生素的治疗原理

①与细菌细胞膜的相互作用。多黏菌素分子中带正电荷的二氨基丁酸的初级氨基可与细菌细胞膜中脂多糖上带负电荷的磷酸根发生极性相互作用，导致外膜通透性增加，或引起细菌内膜与外膜接触，使内外膜之间成分交叉，导致细胞膜不稳定，最终渗透压失衡，细胞溶胀，内容物外流，菌体死亡。

②诱导活性氧的形成。多黏菌素能诱导革兰氏阳性菌中活性氧（ROS）、超氧化物（O_2^-）、过氧化氢（H_2O_2）和羟自由基（·OH）的形成，引起细胞内氧化应激反应，损伤细菌的 DNA、脂质和蛋白质，最终导致细胞快速死亡。

四、氨基糖苷类

1. 氨基糖苷类抗生素分类

氨基糖苷类抗生素是一类具有广泛抗菌谱的抗生素，主要包括以下几种。

①链霉素。是最早发现的氨基糖苷类抗生素之一，对鼠疫耶尔森菌和结核杆菌有效。

②庆大霉素。抗菌谱较广，对多种革兰氏阳性杆菌包括铜绿假单胞菌和金黄色葡萄球菌有效。

③阿米卡星（丁胺卡那霉素）。对许多肠道革兰氏阳性菌、金黄色葡萄球菌和铜绿假单胞菌所产生的钝化酶稳定。

④奈替米星。对多种氨基糖苷类钝化酶稳定，对葡萄球菌和其他革兰氏阳性球菌的作用强于其他氨基糖苷类。

⑤妥布霉素。对铜绿假单胞菌有较强的活性。

⑥新霉素。由于其较大的肾脏毒性，通常不用于全身治疗，而是用于局部治疗。

2. 氨基糖苷类抗生素的治疗原理

①抑制蛋白质合成。氨基糖苷类抗生素通过结合细菌核糖体的30S亚基来发挥作用，特别是与16S rRNA结合，阻碍核糖体的正常功能，从而抑制蛋白质的合成。

②误读mRNA。这些抗生素导致mRNA的误读，使得错误的氨基酸被纳入生长的多肽链中，产生非功能性或有毒的蛋白质，对细菌的生存构成威胁。

③核糖体停滞。氨基糖苷类药物还可以导致"核糖体停滞"，即翻译过程提前终止，导致不完整多肽的积累，进一步增加细菌细胞的压力。

④产生活性氧。氨基糖苷类抗生素还可以在细菌细胞内诱导活性氧（ROS）的形成，进一步损伤细胞组分，增强其杀菌活性。

⑤细胞膜破坏。除了影响核糖体的功能外，氨基糖苷类抗生素还可以通过与细菌细胞膜上的磷脂结合，导致细胞膜的破坏和渗漏，引起细菌的死亡。

3. 治疗原则

氨基糖苷类抗生素因其强大的杀菌作用，尤其是在对抗需氧革兰氏阳性杆菌时，仍然是治疗严重感染的重要选择。然而，它们的使用需要谨慎，以避免潜在的耳毒性和肾毒性等副作用。

五、四环素类

1. 四环素类抗生素药物

四环素类抗生素是一类广谱抗生素，主要包括以下几种。

①四环素（Tetracycline）。最早的四环素类药物之一。

②金霉素（Chlortetracycline）。早期的四环素类药物。

③土霉素（Oxytetracycline）。早期的四环素类药物。

④多西环素（Doxycycline）。半合成四环素类药物，提高了药理作用。

⑤米诺环素（Minocycline）。半合成四环素类药物，对耐四环素菌株具有强大抗菌活性。

⑥替加环素（Tigecycline）。甘氨酰四环素类，新型四环素类药物，用于多重耐药菌感染的治疗。

⑦依拉环素（Eravacycline）。氟环素类，全合成四环素类药物，2018年获得FDA批准上市。

⑧奥马环素（Omadacycline）。氨甲基环素类，新型四环素类药物。

2. 四环素类抗生素的治疗原理

四环素类抗生素的主要作用机制是抑制细菌蛋白质的合成。具体来说如下。

①核糖体结合。四环素类药物通过与细菌核糖体30S亚单位结合，阻止氨酰基-tRNA与mRNA-核糖体复合物受体部位结合，从而抑制细菌蛋白质的合成。

②时间依赖性抗菌。四环素类药物属于时间依赖性抗菌药物，且具有较长的抗菌药物后效应（PAE），24h血药浓度-时间曲线下面积（AUC）/MIC是预测治疗反应的药代动力学/药效学（PK/PD）参数。

③广谱抗菌活性。四环素类药物对多种细菌具有抗菌活性，包括革兰氏阴性菌、革兰氏阳性菌以及厌氧菌，多数立克次体属、支原体属、衣原体属、非典型分枝杆菌属、螺旋体也对本品敏感。

④抑制肽链增长。四环素类药物在高浓度时对某些细菌呈现杀菌作用，主要是通过抑制肽链的增长，影响细菌蛋白质的合成。

⑤抗耐药性。新型四环素类药物（如替加环素和依拉环素）对多重耐药菌具有良好的抗菌活性，能对抗细菌外排及核糖

体保护所导致的四环素耐药性。

3. 治疗原则

①特殊人群用药。妊娠期妇女：不建议使用四环素类药物，但在某些特殊感染如落基山斑疹热时，在权衡利弊后，可以使用多西环素。哺乳期妇女应避免长期使用四环素类药物，单次或短期（1周内）使用多西环素相对安全。儿童不建议婴幼儿和8岁以下的儿童使用四环素类药物。无其他抗菌药物可用情况下，在权衡利弊后，允许所有年龄段儿童短疗程（≤21天）使用多西环素。

②不良反应与治疗药物浓度监测（TDM）。四环素类药物对于非特殊人群安全性较好，最常见的不良事件是胃肠道症状。使用四环素类药物无需皮试，但因其可引起多种机制的过敏反应，用药前应做好严重过敏反应的预案。有条件的医疗机构可针对危重症患者、严重肝功能不全患者开展替加环素的血药浓度监测，并根据PK/PD指导临床用药。

③超说明书用药。在无其他合理的可替代药物治疗方案时，在充分的循证医学证据支持基础上，经患者知情同意后，选择四环素类药物超说明书用药方案，须经医疗机构药事管理部门批准并备案，并建立相应管理机制。

表6-1 临床治疗鲍曼不动杆菌所用抗生素类别及名称[1]

类别	名称及英文缩写
氨基糖苷类	庆大霉素（gentamicin，GEN） 妥布霉素（tobramycin，TOB） 阿米卡星（amikacin，AMK）
碳青霉烯类	亚胺培南（imipenem，IPM） 美罗培南（meropenem，MEM）
氟喹诺酮类	环丙沙星（ciprofloxacin，CIP） 左氧氟沙星（levofloxacin，LVX）
头孢类	头孢他啶（ceftazidime，CAZ） 头孢曲松（ceftriaxone，CRO） 头孢吡肟（cefepime，FEP） 头孢噻肟（cefotaxime，CTX）

(续表)

类别	名称及英文缩写
四环素类	四环素（tetracycline, TET） 多西环素（doxycycline, DOX） 米诺环素（minocycline, MIN）
青霉素+β-内酰胺酶抑制剂类	氨苄西林/舒巴坦（ampicillin/sulbactam, SAM） 哌拉西林/他唑巴坦（piperacillin/tazobactam, TZP） 替卡西林/克拉维酸（ticarcillin/clavulanic acid, TIM）

鲍曼不动杆菌是一种广泛耐药的细菌，对多种抗生素具有耐药性，这使得治疗感染变得复杂和困难。鲍曼不动杆菌的主要抗生素类别及其优势和局限性如表 6-2 所示。β-内酰胺类抗生素通过破坏细菌细胞壁中肽聚糖的合成来发挥作用，具有广谱性，对 β-内酰胺酶更稳定。然而，鲍曼不动杆菌对许多 β-内酰胺类抗生素具有内在耐药性，且碳青霉烯酶的产生是一个日益严重的问题，这限制了这类抗生素的效力。四环素类抗生素通过阻止氨基酰-tRNA 与核糖体-mRNA 复合物结合来发挥作用。尽管如此，这类抗生素的抗药性通常由质粒介导，且进入细菌细胞受阻，这限制了其治疗效果。氨基糖苷类抗生素通过不可逆结合 30S 核糖体亚基来增加异常蛋白质的产生。然而，细菌可以通过修改核糖体靶标产生抗药性，且这类抗生素进入细菌细胞也受阻，这影响了其治疗效果。氟喹诺酮类药物通过阻止回旋酶和拓扑异构酶Ⅳ的产生来发挥作用。尽管如此，细菌可以通过改变目标酶产生抗药性，且这类抗生素进入细菌细胞也受阻，这限制了其应用。多黏菌素通过破坏细菌细胞膜功能来发挥作用。然而，多黏菌素抗药性正在出现，这可能会进一步限制其使用。

表 6-2 针对鲍曼不动杆菌的主要抗生素类别的优势和局限性

抗生素类别	优点	局限
β-内酰胺类	破坏细菌细胞壁中肽聚糖的合成；广谱 β-内酰胺对 β-内酰胺酶更稳定	鲍曼尼氏菌对许多 β-内酰胺有内在耐药性；碳青霉烯酶是一个日益严重的问题

(续表)

抗生素类别	优点	局限
四环素类	阻止氨基酰-tRNA与核糖体-mRNA复合物结合	抗药性通常由质粒介导;进入细菌细胞受阻
氨基糖苷类	不可逆结合30S核糖体亚基;增加异常蛋白质的产生	可通过修改核糖体靶标产生抗药性;进入细菌细胞受阻
氟喹诺酮类药物	阻止回旋酶和拓扑异构酶Ⅳ的产生	可通过改变目标酶产生抗药性;进入细菌细胞受阻
多黏菌素	破坏细菌细胞膜功能	多黏菌素抗药性正在出现

参考文献

[1] 戚丽华. 鲍曼不动杆菌耐药特性及其与生物膜的相关性研究[D]. 中国人民解放军军事医学科学院, 2016. 博士.

第7章 中药防治鲍曼不动杆菌进展

近年来,以 Ab 为代表的多重耐药菌检出率呈快速上升趋势,其耐药现象在全球日趋严峻[1]。2021 年我国院内微生物分离报告显示,革兰氏阴性菌占比高达 71.4%,其中耐药 Ab 位于第 5 位[2]。Ab 可引发如呼吸机相关性肺炎、菌血症、脑膜炎等感染,死亡率高达 40%~50%[3]。由于 Ab 对包括碳青霉烯类抗菌药物在内的多数最后一线抗菌药物耐药,使其在可用抗菌药物的选择上面临着巨大挑战。因此,寻找更为有效的抗菌药物尤为迫切[4,5]。中药是新型抗菌化合物的重要来源,众多研究显示,中药及其制剂表现出抑制 Ab 生长的特性,其抗菌成分复杂、作用广泛,有巨大开发潜力。

一、中药抗菌

(一) 单味中药治疗鲍曼不动杆菌的研究

研究发现,不少中药表现出良好的抑菌效果,是天然抑菌或杀菌药物。通过统计近几年来的单味中药对鲍曼不动杆菌的抑制作用,发现研究黄芩、黄连、乌梅、连翘等中药比较流行(图7-1)。王玉春等[6]采用微量肉汤稀释法测定五倍子、五味子、乌梅、黄连、连翘、罗汉果、金钱草、败酱草 8 种单味中药颗粒剂对多重耐药鲍曼不动杆菌的抑菌效果及最低抑菌浓度(minimum inhibitory concentration,MIC),结果发现五倍子、五味子的抑菌效果最好。李凯旋等[7]对五倍子、鱼腥草、黄连、黄芩等中药抑制 Ab 的作用进行对比，发现五倍子的抑菌效果最强，其 MIC 最低，其次是黄芩，鱼腥草和黄连则相对较弱。五倍子不仅能抑制 Ab 生长，还能破坏细菌生物膜形成，且呈浓度依赖性[8]。陈深元等[9]在黄连、黄芩、夏枯草、半枝莲等 20 味中药单体对耐碳青霉烯鲍曼不动杆菌（carbapenem-resistant *Acinetobacter baumannii*，CR Ab）的体外抑菌实验中发现黄连、夏枯草、黄芩、半枝莲具有良好的抑菌效果，其中以黄芩的体外抑菌活性最佳，这也为 CR Ab 的治疗提供了新思路。同样有文献提出，半枝莲对于极度耐药的鲍曼不动杆菌的抗菌活性甚至优于黏菌素，因此有望成为肺部感染的替代治疗[10]。李晓君等[11]观察到黄连、黄芩、五味子、乌梅、连翘等可破坏细菌蛋白和叶酸合成，从而产生不同程度的抗菌效果。此外，黄柏、白头翁、千里光、金银花[12]、大蒜[13]等药物也能不同程度地抑制 Ab 生长。单味中药具有多种活性成分，作用靶点丰富。侯晓丽教授课题组[14]通过体外实验评估蟾酥联合氨基糖苷类药物及 β-内酰胺类药物对 MDRAB 的抗菌疗效，联合实验显示出良好的协同作用；该研究进一步验证了蟾酥对氨基糖苷类药物耐药鲍曼不动杆菌的逆转机制可能与抑制乙酰转移酶基因 *aac*（6'）-6 和 *aac*（6'）-I 的表达有关，对 β-内酰胺类药物耐药鲍曼不动杆菌的逆转机制与抑制 *OXA-23*、*OXA-24* 基因的表达相关。此外，王洁[15]等人应用纸片扩散法药敏试验研究射干、黄连、黄芩和大黄对 Ab 耐药性的影响，发现四种单味中药可以在不同程度上逆转受试菌对环丙沙星的耐药性，其耐药逆转率分别达到 4.2%、2.8%、6.9%、6.9%。单味中药与抗菌药物联用的抗感染效果也值得注意。如黄芩苷与氨曲南联用对抑制 Ab 具有增效作用，小檗碱与氨曲南和亚胺培南联用也表现出同样的效果，其机制可能与消除细菌耐药质粒有关[16]。板蓝根、蒲公英与头孢哌酮-舒巴坦联用后抗 Ab 作用有所提高，但连翘和黄芩与头孢哌酮-舒巴坦联用则产生拮抗，其机制未明[17]。一项研究将黄芪与抗菌肽联合治疗感染耐药 Ab 的皮肤溃疡，结果发现黄芪组能更好地促进伤口愈合以及降低细菌存活率，说明黄芪在抗菌方面具有一定增效作用[18]。上述结果表明部分中药具有良好抗菌效果，特别是唇形科的中药，详见表7-1。

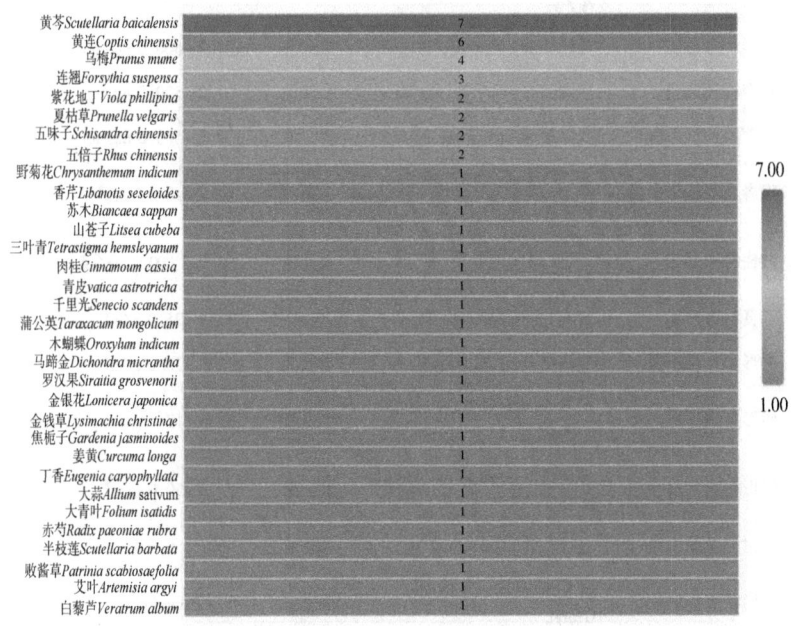

图 7-1　中药对鲍曼不动杆菌杆菌热图研究

表 7-1　常见抗鲍曼不动杆菌的单味中药及其 MIC

科属	中药	有效成分	MIC	参考文献
漆树科盐麸木属	五倍子 Rhus chinensis Mill.	水提液	3.9~31.2 mg/mL	[6]
五味子科五味子属	五味子 Schisandra chinensis Baill	水提液	15.6~125.0 mg/mL	[6]

(续表)

科属	中药	有效成分	MIC	参考文献
蔷薇科杏属	乌梅 Prunus mume Siebold & Zucc	水提液	31.2~125.0 mg/mL	[6]
毛茛科黄连属	黄连 Coptis chinensis Franch	水提液	31.2~500.0 mg/mL	[6]
木樨科连翘属	连翘 Forsythia suspensa Vahl	水提液	31.2~500.0 mg/mL	[6]
葫芦科罗汉果属	罗汉果 Siraitia grosvenorii	水提液	62.5~500.0 mg/mL	[6]
报春花科珍珠菜属	金钱草 Lysimachia christinae Hance	水提液	62.5~1 000.0 mg/mL	[6]
败酱科败酱属	败酱草 Patrinia scabiosaefolia	水提液	62.5~1 000.0 mg/mL	[6]
毛茛科黄连属	黄连 Coptis chinensis Franch	水提液水	3.13~25.0 g/mL	[9]
唇形科夏枯草属	夏枯草 Prunella vulgaris L.	水提液	3.13~25.0 g/mL	[9]
唇形科黄芩属	黄芩 Scutellaria baicalensis Georgi	水提液	1.56~12.5 g/mL	[9]
唇形科黄芩属	半枝莲 Scutellaria barbata D. Don	水提液	3.13~50.0 g/mL	[9]
漆树科盐肤木属	五倍子 Rhus chinensis Mill.	水提液	0.975 mg/mL	[7]
唇形科黄芩属	黄芩 Scutellaria baicalensis Georgi	水提液	15.63 mg/mL	[7]
蔷薇科杏属	乌梅 Prunus mume Siebold & Zucc	水提液	62.5 mg/mL	[7]

(二) 中药单体治疗鲍曼不动杆菌的研究

中药单体是从单味中药中提取的单一有效成分。研究显示,美味猕猴桃的提取物含黄酮类化合物,其对耐碳青霉烯鲍曼不动杆菌有一定的抗菌活性,这种黄酮类化合物能抵抗鲍曼不动杆菌细胞外生物膜的产生[19]。在筛选了60种草药提取物后,Miyasaki等[20]研究结果显示,大约30%的草药提取物显示出对多药耐药鲍曼不动杆菌的潜在体外抗菌活性。彭勤等[21]的一项研究发现，槲皮素二水物、盐酸小檗碱、黄芩苷3种中药单体对泛耐药鲍曼不动杆菌具有一定的抗菌活性，且能抑制细菌生物膜的形成。汪东海[22]等人在黄芩苷处理前后应用碱裂解法检测了16株对庆大霉素和环丙沙星全耐药Ab的质粒并采用琼脂稀释法测定药物的MIC，研究结果表明经黄芩苷处理消除特定质粒后的菌株恢复了对庆大霉素与环丙沙星的敏感性，证实了黄芩苷在逆转AB耐药性方面具有良好的活性。李娟[23]等人筛选了53株对14种常用抗菌药物耐药率为34%～100%的Ab，观察加入白花丹醌前后不同抗菌药物MIC值的变化，并以具有阻断外排泵作用的羰基氰化氯苯腙作为对照评估白花丹醌的耐药增敏作用，结果显示，白花丹醌对氯霉素、庆大霉素、诺氟沙星、阿米卡星表现出不同程度的外排抑制作用，以氯霉素最佳，证明白花丹醌可以通过抑制外排泵的表达逆转Ab耐药性。Sherif[24]研究了肉桂酸与没食子酸对Ab耐药性的逆转作用，通过结晶紫染色法和电子扫描显微镜法考察细菌生物被膜的形成能力并利用聚合酶链反应检测了Ab耐药表型的遗传基础，研究发现这两种中药单体均可以显著抑制Ab生物被膜的形成能力，抑制程度与分离菌株的表型、基因型相关。

（三）中药复方治疗鲍曼不动杆菌的研究

中药复方制剂由两味或两味以上的中药组成，是中药方剂中的重要组成部分。中药多为复方用药，中药复方的水提物、醇提物等在抗感染方面的研究也取得了很大成效。中药复方具有多向性、多层面、多靶位的特点，使细菌难以同时产生对抗多种抗菌成分的多重突变。一项研究将夏枯草、黄芩、黄连、半枝莲4味药两两组合，发现黄芩与半枝莲组合、黄连与夏枯草组合均能增强抑制Ab的效果，以黄芩与半枝莲联用最强[25]。紫草素是紫草的主要成分，具有抗菌、抗病毒、抗炎等作用[26]。紫草膏体外能抑制常见耐药菌（如金黄色葡萄球菌、Ab）增殖，且明显优于单成分用药[27]。

小柴胡汤具有抗纤维化、抗肿瘤、调节内分泌和提高免疫力等作用[28]，可减轻 Ab 引起的重症肺炎患者肺部及全身炎症状况，并减少住院时间[29]。体外研究发现小柴胡汤能抑制 Ab 生长，并且与亚胺培南联用后效果显著增强，其机制可能是与激活外膜蛋白相关基因 adeJ、CarO 的表达，破坏细菌的生物膜结构，降低细菌在物体表面的黏附性有关[30]。小青龙汤具有抑菌、改善气道炎症和抗过敏等作用[31]，将其与替加环素联用治疗 Ab 感染相关肺炎，能迅速改善全身症状，并且降低血清炎症指标[32]。药理研究发现，小青龙汤中五味子能抑制 Ab 生物膜形成，降低细菌活力[11]；麻黄具有抗菌、抗炎等作用[33]；此外，桂枝中的桂皮醇等成分能通过阻断细胞 DNA 合成、破坏细胞膜结构及代谢等途径抑制细菌活性和繁殖[34]。丹黄消炎液可增加 Toll 样受体 4（Toll-like receptor 4，TLR4）表达，释放下游肿瘤坏死因子-α（tumornecrosis factor-a，TNF-α）和白细胞介素-1β（interleukin1β，IL-1β），从而激活机体免疫反应而使 Ab 大量死亡[35]。复方鱼腥草片含有鱼腥草、黄芩、板蓝根、连翘和金银花等，是一种复合中药制剂，蔡燕等[36]研究表明所有耐药菌株的生长被复方鱼腥草抑制，提示复方鱼腥草可作为抗鲍曼不动杆菌感染的潜在药物。通腹泄肺方主要成分为大黄、芒硝、枳实、厚朴、葶苈子、虎杖和丹参，戚淑娟等[37]运用二倍稀释法进行体外抑菌情况研究，结果显示通腑泄肺方的含药血清的中高剂量组有体外抑菌作用，且联合抗菌药物对泛耐药鲍曼不动杆菌有体外协同抑菌作用，可降低 MIC 值，使原本耐药的抗菌药物重新恢复敏感，有抗菌药物增敏剂的效果，为通腑泄肺方治疗泛耐药鲍曼不动杆菌提供依据。另外，麻黄升麻汤[38]、清瘟解毒汤[39]、麻杏饮[40]、益气活血化痰方[41]、红藤紫金汤[42]等经典或自拟方剂，均在一定程度上表现出改善 Ab 感染后相关症状及增加细菌清除率的作用。

注射剂是中药复方的另一种剂型，常与现有的抗菌药物联用干预 Ab。诸如，痰热清注射液与头孢哌酮联用治疗 Ab 相关重症肺炎疗效更为明显,且不良反应发生率更低,细菌清除率也更高[43],其机制可能与抑制细菌生物膜、外排泵表达和炎症因子释放有关[44]。血必净注射液联用替加环素改善了 Ab 感染引发的肺部感染和炎症指标,并且缩短恢复进程[45]。双黄连粉针剂与头孢哌酮-舒巴坦联用后抑菌效果较单纯用药显著增强[46]。马冬梅等[47,48]研究双黄连粉针剂在体外对泛耐药鲍曼不动杆菌的抑菌作用,双黄连粉针剂由金银花、连翘、黄芩三味中药组成,具有清热解毒的功效。在体外抑菌试验中,双黄连对泛耐药鲍曼不动杆菌有抑制作用,与头孢哌酮-舒巴坦联合应用后比单独用药的浓度大大下降,可降低抗菌药物使用量,以达到减少和延缓细菌耐药的目的。热毒宁注射液与头孢他啶、亚胺培南联用不仅增强了抑菌效果,还减少了抗菌药物使用剂量和不良反应发生率[49]。李新等[50]探讨体外环境下中药热毒宁对泛耐药鲍曼不动杆菌的抑菌作用。热毒宁注射液为临床常用中药,主要成分为金银花、青蒿和栀子,青蒿具有细胞免疫促进作用,金银花可破坏细菌细胞壁的肽聚糖层结构,改变包膜屏障的通透性。依据抑菌浓度指数判断协同作用,得热毒宁与头孢哌酮钠-舒巴坦钠(SCF)联合用药时与 SCF 单独用药时相比 MIC 下降,通过对某些细菌耐药基因的改变,从而减少抗菌药物用量或逆转某些抗菌药物的敏感性,减少药物不良反应提高疗效,因此体外环境下热毒宁联合 SCF 对泛耐药鲍曼不动杆菌有很好的协同作用(表 7-2)。

表 7-2 常见抑制鲍曼不动杆菌的中药复方制剂

中药复方	组成(有效成分)	研究类型	观察指标	参考文献
紫草膏	紫草(紫草素)、金银花、野菊花	纸片扩散法	抑菌圈 14 mm	[27]
双黄连	金银花、黄芩、连翘	肉汤稀释法	MIC 20 mg/mL	[48]
双黄连粉针剂	金银花、黄芩、连翘	微量肉汤稀释法	MIC 8~16 mg/mL	[46]

(续表)

中药复方	组成（有效成分）	研究类型	观察指标	参考文献
复方鱼腥草	鱼腥草、黄芩、板蓝根、连翘和金银花等	微量肉汤法稀释法	MIC 3 200~6 400 μg/mL	[36]
通腑泄肺方	大黄、芒硝、枳实、厚朴、葶苈子、虎杖和丹参	二倍稀释法	含药血清的中、高剂量组均有体外抑菌作用	[37]
丹黄消炎液	黄芪、丹参、皂角刺、当归、银花、大黄、关黄柏等	动物实验	TLR-4↓、IL-1β↓	[35]
清瘟解毒汤	生石膏、金银花、连翘、浙贝母、薏苡仁等	临床研究	PCT↓、病原体载量↓等	[39]
益气活血化痰方	黄芪、当归、橘红、茯苓、川贝母、瓜蒌仁等	临床研究	WBC↓、CRP↓、PCT↓等	[41]
小青龙汤	麻黄、桂枝、半夏、细辛、五味子、干姜等	临床研究	WBC↓、CRP↓等	[31]
麻黄升麻汤	麻黄、升麻、桂枝、玉竹、黄芩、当归、天冬、甘草、白芍、知母	临床研究	IL-6、TNF-α、PCT、CRP、病原体载量↓	[38]
麻杏仁	麻黄、杏仁、甘草、生石膏	临床研究	CRP↓、IL-4↓、PCT↓、病原体载量↓等	[40]
红藤紫金汤	红藤、紫花地丁、金银花、连翘等	临床研究	WBC↓、CRP↓、PCT↓、病原体载量↓等	[42]
小柴胡汤	柴胡、黄芩、姜半夏、生姜、人参等	临床研究	WBC↓、CRP↓、PCT↓、病原体载量↓等	[29]

（四）中药颗粒

中药颗粒剂是将中药研磨、提取、浓缩后制成的颗粒状或球状制剂，便于保存和临床应用。目前已有大量文献研究了不同中药颗粒剂对 Ab 的抑菌作用，但对于其逆转 Ab 耐药性的研究较少。谭俊青[51]考察了 8 种中药颗粒（五倍子、黄连、黄芩、薄荷、连翘、乌梅、五味子及大黄）对头孢哌酮-舒巴坦耐药 Ab 的抗菌活性，在体外试验中，五倍子、黄连和黄芩与头孢哌酮-舒巴坦的联合抑菌指数 < 0.5，显示出良好的协同抗菌活性；在体内试验中，五倍子与抗菌药物联合用药组小鼠的感染指标显著低于头孢哌酮舒巴坦单药组，从体内、外的角度证实了五倍子等中药颗粒逆转 Ab 耐药性的药理作用。潘杰[51]等人应用改良纸片扩散法研究了 12 种中药颗粒对 6 种临床多重耐药菌耐药性的逆转作用，其中经黄连、大黄以及鱼腥草干预后的 MDR Ab 表现出对利奈唑胺的敏感性增加；需要注意的是，根据美国临床和实验室标准协会（Clinical & Laboratory Standards Institute，CLSI）颁布的《抗微生物药物敏感性试验执行标准》，非糖发酵革兰氏阳性菌对利奈唑胺存在天然耐药，因此该研究结论的临床意义有待进一步评估。

二、中药抑制鲍曼不动杆菌的有效成分

中药抗菌药物在临床上的使用越来越广泛，其有效物质的研究越来越深入，许多中草药的活性成分已经确定，中药抗鲍曼不动杆菌的有效成分主要有生物碱类、挥发油类、萜类、鞣质类、木脂素类、酚类等，有些中药已得到抗菌单体并确定了其化学结构。

（一）生物碱类

在生物体内成分中，含氮碱基的有机化合物，能与酸反应生成盐类，将此类化合物称为生物碱。它是一类存在于生物主要是植物体内、对人和动物有强烈生理作用的含氮碱性物质，生物碱的分子构造多数属于仲胺、叔胺或季胺类，少数为伯胺类。其构造中常含有杂环，并且氮原子在环内。研究紫堇属植物中异喹啉类生物碱的抗病毒和抗菌谱，发现从土耳其生长的 14 种紫堇和 6 种紫堇属植

物中提取的生物碱对鲍曼不动杆菌表现出明显的抑制作用。中药黄连中的主要有效成分小檗碱[52]，是一种苯并异喹啉类季胺型生物碱，小檗碱不仅能影响细胞膜通透性造成钙离子流失，而且能抑制DNA 制，抑制 RNA 转录及蛋白质合成，通过多靶位机制抑制细菌生长。

(二) 挥发油类

挥发油也称精油，是植物经水蒸气蒸馏或共水蒸馏所得的与水不相混合的产物的总称，为流动的液体，有香味和挥发性，可随蒸汽蒸馏而不被破坏。其中珊瑚姜是姜科姜属植物，有效成分为珊瑚姜油，通过超临界二氧化碳技术提取珊瑚姜的挥发油进行 GC-MS 检测并进行联机检索和谱图对照，确定其中松油烯-4-醇是其主要的抑菌成分，纸片法药敏试验中对鲍曼不动杆菌有明显的抑菌圈，显示有明显的抑菌、杀菌作用。其良好的安全性及抗菌特性，对耐药菌的抑菌作用具有一定开发前景[53]。

(三) 萜类

萜类化合物是中草药中一类比较重要的化合物，已经发现许多化合物是中草药中的有效成分，存在于自然界中、分子式为异戊二烯单位倍数的烃类及其含氧衍生物。齐墩果酸是三萜类化合物，主要来源于木犀科植物齐墩果、女贞果、龙胆科植物青叶胆等，可通过干扰细胞膜通透性和核糖体蛋白质的合成发挥抑菌作用。

(四) 鞣质类

鞣质又叫单宁，是植物界分布极广泛的一类复杂的多元酚类化合物，具有强烈的涩味和收敛作用，大黄、五倍子中均含有鞣酸。诃子为植物诃子干燥果实，主要成分为鞣质，可终止自由基的连锁反应。郭鑫等[54]通过二倍稀释法验证了诃子水提物具有较好的体外抑菌作用，体内模型初步认为安全无毒，一定剂量的诃子水提物能明显降低模型小鼠的病死率，因此对泛耐药鲍曼不动杆菌在体内外均有明显的抑菌作用，有望用于泛耐药感染性疾病的治疗。

（五）木脂素类

采用等倍稀释法进行体外抑菌和杀菌试验，发现木脂素类成分是五味子的主要药用成分，五味子乙素又是五味子木脂素的主要活性成分之一，五味子对头孢哌酮-舒巴坦耐药和非耐药鲍曼不动杆菌均具有较好的抑菌和杀菌作用，采用中药五味子配合治疗为一种新的探索[55]。

（六）酚类

通过研究大黄、丁香、蒲公英、姜黄、金银花5味中药及其主要活性单体化合物对临床多重耐药菌的作用机制，通过微量稀释法测定各药物最小抑菌浓度，记录细菌连续24h吸光度，绘制生长曲线，并用聚丙烯酰胺凝胶电泳分析细菌可溶性蛋白质。结果显示，丁香和丁香酚对鲍曼不动杆菌有一定的抑制作用，提示丁香在治疗鲍曼不动杆菌感染方面有潜在的应用价值[56]。

（七）其他

棓丙酯是从中药赤芍中提取的一味中药单体，采用微量肉汤稀释法初步探讨其对22株多重耐药鲍曼不动杆菌和2株标准菌株的抑制作用，显示不同浓度的棓丙酯对各株鲍曼不动杆菌生长有一定的抑制作用，随着药物浓度的增加，抑制作用逐渐增强，可作为一种潜在新药用于临床上治疗多重耐药鲍曼不动杆菌感染[57]。黄芩的有效成分是黄酮类化合物，主要是黄芩苷，对鲍曼不动杆菌有明显的抑菌作用[22]。

三、中药防治鲍曼不动杆菌的机制

中药的抗菌成分和机制尚未完全清晰，目前的研究主要发现部分中药可能通过以下途径发挥抗菌作用，包括抑制或破坏细菌生物膜形成、调控细菌细胞膜通透性、抑制外排泵表达、消除耐药质粒、影响细菌蛋白分泌和代谢等方面。

（一）抑制生物膜形成

生物膜是细菌的保护屏障及强毒力因子，是 Ab 重要耐药机制之一。细菌借助生物膜定植在机体表面而难以被清除，并使药物向细菌内扩散受阻而发生耐药[58]。细菌在机体表面黏附和聚集后，通过群体感应（quorum sensing，QS）系统进行信号传递，从而调控生物被膜形成[59,60]。Alves 等[60]发现，芳香醇能降低 Ab 黏附力和数量，减少成熟或未成熟状态生物膜生成，并且首次发现芳香醇抑制了细菌 QS 信号分子的合成能力，这表明芳樟醇可能通过干扰 QS 信号分子影响细菌生物被膜形成。咖啡酸、肉桂酸、杨梅素[61]、五倍子[8]、茶多酚[62]等中药单体化合物可影响生物膜形成基因表达而阻断 Ab 生物被膜生成和细菌黏附，其中 *BAP* 和 *aBaI* 基因受上述药物共同调控。此外，黄连、五味子、乌梅、黄芩[11]、辣椒素[63]、槲皮素二水物、小檗碱、黄芩苷[64]等药物均可抑制 Ab 菌株繁殖和使生物膜数量减少，细菌活力降低，但机制未明。中药通过影响生物膜途径抗 Ab 的机制见图 7-2。

（二）Omps 调控的细胞膜通透性改变

外膜蛋白（out membrane protein，Omp）是细菌外膜上的通道蛋白，能调节外膜的通透性。在 Omp 帮助下，细菌可以阻止抗菌药物进入细菌内部，因而产生持久的耐药性[65]。有研究发现，外膜蛋白基因 *CarO* 可降低抗菌药物对耐碳青霉烯类 Ab 的穿

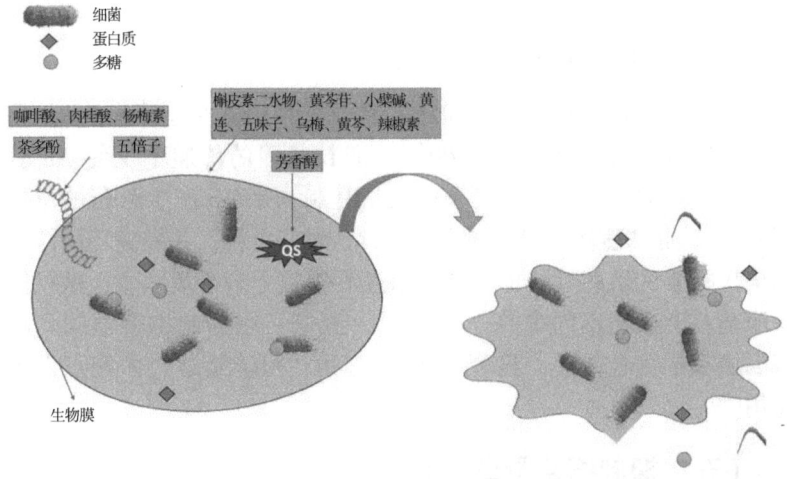

图 7-2　中药抗鲍曼不动杆菌的机制（破坏生物膜功能）

透力，导致耐药发生[66]。黄芩素与美罗培南联用后，降低了后者抑制耐碳青霉烯 Ab 的 MIC，并且检测发现 CarO 基因的表达出现上调。因此，推测黄芩素降低耐碳青霉烯 Ab 的耐药性与 CarO 基因表达有关，但是否是直接通过激活 CarO 基因表达实现尚不清楚[67]。

（三）抑制主动外排泵

外排泵是细菌细胞膜上的一类活性蛋白，耐药菌可以利用外排泵将抗菌药物快速泵出细胞外，从而增加其耐药性[68]。近年来研究发现，AdeABC 系统激活是多重耐 Ab 重要的致病因素，其中 AdeB 基因的过表达与细菌耐药性密切相关[69]。当该系统激活时，抗菌药物被大量排出细胞外而活力下降，而在失活状态下，药物的抗菌活性又能得以恢复[70]。研究发现，经黄芩苷干预后 Ab 的繁殖受到明显抑制，通过 PCR 检测干预后基因变化，发现 AdeB 基因表达较干预前显著下调，这说明黄芩苷能够影响 $AdeABC$ 外排泵而发挥抑菌作用[71]。

（四）消除耐药质粒

质粒含多种类型的耐药和毒力因子基因，这些基因通过质粒在生物之间发生转移并稳定存在[72]。质粒基因的传递不仅使 Ab 获得强大适应力，也导致耐药菌株大量复制，是 Ab 产生耐药的重要因素[73]。低浓度黄芩苷可消除部分 Ab 耐药质粒，并提高环丙沙星和庆大霉素的敏感性，但当增加浓度后质粒并未继续减少，这可能与耐药基因表达不同有关[22]。此外，五倍子可抑制携带不同耐药基因质粒的接合传递，显著抑制 Ab 增殖，可能是通过多靶点发挥作用[74]。

（五）抑制细菌蛋白分泌

Ab 中有多种蛋白分泌系统，细菌可借助分泌系统吸取胞外养分而适应环境，并分泌效应蛋白定植到宿主细胞中发挥靶向作用而诱发感染[75]。巴西苏木素与美罗培南联用时 Ab 生长受到明显抑制，并且两者的 MIC 均降低，检测发现细菌可溶性蛋白分泌量也减少[76]。

（六）影响代谢组学

近来研究发现，半胱氨酸与细菌生物膜、耐药性和生长有关，可能是细菌适应环境的重要原因[77]，而尿苷三磷酸主要参与生命体内 RNA 的合成[78]。一项研究利用质谱分析黄芩苷和小檗碱 Ab 代谢的影响，发现黄芩苷减少了 Ab 菌体内的 L-半胱氨酸含量，盐酸小檗碱则降低了 Ab 菌体内的尿苷三磷酸含量。这说明黄芩苷和小檗碱可通过调节半胱氨酸或氨基糖、嘧啶代谢通路影响细菌繁殖[79]。中药抗 Ab 的其他机制见图 7-3。

第7章 中药防治鲍曼不动杆菌进展

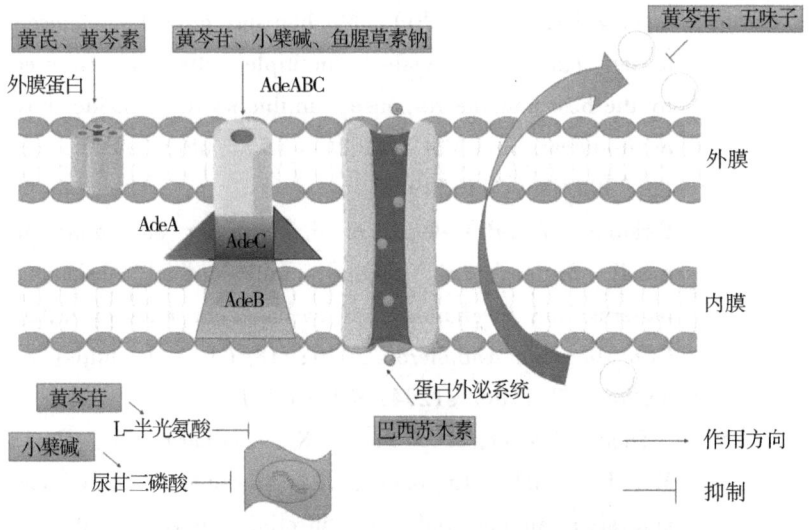

图 7-3 中药抗鲍曼不动杆菌机制（非生物膜途径）

参考文献

[1] Cassini A, Hogberg L D, Plachouras D, et al. Attributable deaths and disability-adjusted life-years caused by infections with antibiotic-resistant bacteria in the EU and the European Economic Area in 2015: a population-level modelling analysis [J]. Lancet Infect Dis, 2019, 19 (1): 56-66.

[2] 胡付品,郭燕,朱德妹,等.2021 年 CHINET 中国细菌耐药监测 [J]. 中国感染与化疗杂志, 2022, 22 (5): 521-530.

[3] Monem, S., Furmanek-Blaszk, B., Łupkowska, A.,

Kuczyńska-Wiśnik, D., Stojowska-Swędrzyńska, K., Laskowska, E, (2020). Mechanisms protecting *Acinetobacter baumannii* against multiple stresses triggered by the host immune response, antibiotics and outside-host environment. Int J Mol Sci, 21 (15), https://doi.org/10.3390/ijms 21155498.

[4] Ibrahim, ME. Prevalence of *Acinetobacter baumannii* in Saudi Arabia: risk factors, antimicrobial resistance patterns and mechanisms of carbapenem resistance. Ann Clin Microbiol Antimicrob. 2019; 18 (1): 1. https://doi0org/10.1186/ s12941-018-0301-x.

[5] Theuretzbacher, U., Bush, K., Harbarth, S., Paul, M., Rex, JH., Tacconelli, E., Thwaites, GE, Critical analysis of antibacterial agents in clinical development. NAT REV MICROBIOL. 2020; 18 (5): 286-298. https://doi.org/10.1038/s41579-020-0340-0.

[6] 王玉春,唐建红.8种单味中药颗粒剂对多重耐药鲍曼不动杆菌的抑菌作用 [J]. 中国中医药现代远程教育, 2021, 19 (5): 140-142.

[7] 李凯旋,赵小军,魏娟,等.单味中药对多重耐药鲍曼不动杆菌体外抑菌作用的研究 [J]. 中国微生态学杂志, 2018, 30 (4): 392-394, 397.

[8] 娄茜,杨翼,刘大鹏,等.五倍子水煎剂抑制鲍曼不动杆菌生物膜形成分子机制的研究 [J]. 国际检验医学杂志, 2019, 40 (20): 2439-2443.

[9] 陈深元,曾敏敏,杨烨健,等.20种中药对碳青霉烯耐药鲍曼不动杆菌的体外抑菌作用 [J]. 中国中医药科技, 2020, 27 (3): 370-372.

[10] TSAI C C, LIN C S, HSU C R, et al. Using the Chi-

nese herb Scutellaria barbata against extensively drug-resistant *Acinetobacter baumannii* infections: in vitro and in vivo studies [J]. Bmc Complementary & Alternative Medicine, 2018, 18 (1): 96.
[11] 李晓君, 邓超, 谭俊青, 等. 黄连等种中药颗粒剂对鲍曼不动杆菌生物膜耐药性及相关基因的作用分析 [J]. 中医药临床杂志, 2022, 34 (2): 313-317.
[12] 杨娟. 黄连等 6 味中草药对耐药性鲍曼不动杆菌的抑菌作用研究 [J]. 中国实用医药, 2019, 14 (9): 197-198.
[13] 谭晓宇, 凌寿坚, 钟一梅. 大蒜与含氯消毒剂联用对多重耐药鲍曼不动杆菌体外抑菌的实验研究 [J]. 辽宁中医杂志, 2021, 48 (7): 179-182.
[14] 王晓磊, 余道军, 侯晓丽. 蟾酥逆转多重耐药鲍曼不动杆菌氨基糖苷类耐药研究 [J]. 浙江中西医结合杂志, 2016, 26 (10): 4.
[15] 王洁, 朱俊豪, 张斌, 等. 能逆转细菌耐药性的中药的筛选 [J]. 中国药学杂志, 2014, 49 (21): 1892-1896.
[16] 张晓玲, 于翠香. 盐酸小檗碱、黄芩苷与抗菌药物联用对多重耐药鲍曼不动杆菌作用研究 [J]. 中南药学, 2014 (5): 4.
[17] 马冬梅, 蒋东葵, 相晓波, 等. 板蓝根等 4 种中药单用和与西药联用对广泛耐药鲍曼不动杆菌的抑菌作用 [J]. 检验医学, 2023, 38 (5): 441-445.
[18] 徐阳, 周鑫, 牛欣悦, 等. 黄芪在抗菌肽 Brevinin-2Ta 治疗创面感染耐药鲍曼不动杆菌中的增效机制研究 [J]. 中国中西医结合外科杂志, 2023, 29 (4): 433-439.

[19] TIWARI V, TIWARI D, PATEL V, et al. Effect of secondary metabolite of Actinidia deliciosa on the biofilm and extra-cellular matrix components of *Acinetobacter baumannii* [J]. Microb Pathog, 2017, 110: 345-351.

[20] MIYASAKI Y, NICHOLS W S, MORGAN M A, et al. Screening of herbal extracts against multi-drug resistant *Acinetobacter baumannii* [J]. Phytother Res, 2010, 24 (8): 1202-1206.

[21] 彭勤, 凌保东, 蔺飞, 等. 中药单体与抗菌药物联合应用对抗泛耐药鲍曼不动杆菌的作用研究 [J]. 中药药理与临床, 2020, 36 (2): 140-145.

[22] 汪东海, 陈敏, 姜志强, 等. 黄芩苷消除鲍曼不动杆菌耐药质粒的实验研究 [J]. 中国现代应用药学, 2012, 29 (5): 400-404.

[23] 李娟, 李小宁, 钟正灵, 等. 中药单体白花丹醌对鲍曼不动杆菌的耐药逆转作用 [J]. 中国临床药理学与治疗学, 2015, 20 (2): 155-159.

[24] SHERIF M M, ELKHATIB W F, KHALAF W S, et al. Multidrug Resistant *Acinetobacter baumannii* Biofilms: Evaluation of Phenotypic-Genotypic Association and Susceptibility to Cinnamic and Gallic Acids [J]. Front Microbiol, 2021, 12: 716627.

[25] 陈剑涛, 陈锡娇, 杨雪琼, 等. 4种中药联用对多重耐药鲍曼不动杆菌的体外抗菌活性研究 [J]. 中国中医药科技, 2023, 30 (2): 221-225.

[26] 王天怡, 张秉新. 紫草制剂外用治疗皮肤病的临床及实验研究进展 [J]. 北京中医药, 2022 (3): 41.

[27] 高泽纯, 刘恬, 陈盛林, 等. 复方紫草膏组方的体外抑菌实验研究 [J]. 山东化工, 2022, 51 (23):

54-56.

[28] 张志雄,刘春芳,刘明洋,等.小柴胡汤的药理作用及临床应用研究进展[J].中医药临床杂志,2021,33(3):580-584.

[29] 肖秋生,马明远,邓梦华,等.小柴胡汤加减治疗ICU老年患者肺部泛耐鲍曼不动杆菌感染的疗效观察[J].中国中医急症,2021,30(5):861-864.

[30] 高吟,张立红,张志斌,等.小柴胡汤及亚胺培南西司他丁对耐碳青霉烯类鲍曼不动杆菌的体外抑菌效果及生物膜清除作用的机制研究[J].实用临床医药杂志,2022,26(18):72-77.

[31] 雷佩珊.小青龙汤对AECOPD气道炎症影响的临床研究[D].广州:广州中医药大学,2018.

[32] 庄雅娟,李云超,贯丽娟,等.替加环素联合小青龙汤雾化吸入治疗耐药鲍曼不动杆菌致呼吸机相关性肺炎疗效及对血清炎性因子的影响[J].现代中西医结合杂志,2018,27(5):492-494,570.

[33] 黄玲,王艳宁,吴曙粤.中药麻黄药理作用研究进展[J].中外医疗,2018,37(7):4.

[34] 韦露玲,张淼,黄飘玲,等.桂枝抗菌活性成分及其作用机制研究进展[J].湖北农业科学,2021,60(21):21-25.

[35] 徐阳,王军,薛田,等.丹黄消炎液对皮肤溃疡感染耐药鲍曼不动杆菌及TLR 4作用[J].中国中西医结合外科杂志,2018,24(6):723-728.

[36] 蔡燕,韩雪梅,叶红,等.复方鱼腥草对鲍曼不动杆菌体外培养生长的影响[J].川北医学院学报,2014,29(6):564-566.

[37] 戚淑娟,赵云燕,李莉,等.通腑泄肺方对泛耐药的

鲍曼不动杆菌的体外抑菌研究[J]. 继续医学教育, 2015, 29 (6): 109-110.

[38] 王玉东, 任松涛. 序贯中药辅助治疗ICU多重耐药鲍曼不动杆菌肺炎的疗效评价[J]. 辽宁中医杂志, 2020, 47 (7): 87-90.

[39] 梁洪文, 刘凯, 蔡国锋, 等. 清瘟解毒汤治疗泛耐药鲍曼不动杆菌致痰热壅肺证呼吸机相关性肺炎疗效观察[J]. 现代中西医结合杂志, 2019, 28 (23): 5.

[40] 李俊虎, 张凤雅, 刘士昭, 等. 麻杏饮加减联合替加环素治疗广泛耐药鲍曼不动杆菌致呼吸机相关性肺炎的疗效及对T淋巴细胞亚群的影响[J]. 中国现代医学杂志, 2022, 32 (13): 75-80.

[41] 迟培枫. 益气活血化痰方治疗耐药鲍曼不动杆菌肺炎的临床研究[D]. 济南: 山东中医药大学, 2022.

[42] 刘磊, 闫东升, 张志军. 红藤紫金汤联合抗菌素治疗ICU多重耐药鲍曼不动杆菌肺炎45例[J]. 中医研究, 2019 (4): 3.

[43] 方芳, 李爽, 陈旻, 等. 痰热清注射液联合头孢哌酮舒巴坦治疗耐药鲍曼不动杆菌老年重症肺部感染疗效观察[J]. 现代中西医结合杂志, 2019, 28 (25): 2791-2793.

[44] 王亮, 陶玉龙, 陈万生. 痰热清注射液化学成分、药理作用及临床应用研究进展[J]. 中草药, 2020, 51 (12): 3318-3328.

[45] 马新, 郑晶晶, 张杰, 等. 血必净注射液联合替加环素对碳青霉烯泛耐药鲍曼不动杆菌感染的疗效[J]. 西部中医药, 2020, 33 (7): 110-113.

[46] 马冬梅, 陶庆春. 双黄连粉针剂联合注射用头孢哌酮钠舒巴坦钠对广泛耐药鲍曼不动杆菌和肺炎克雷伯菌

抑菌效果比较［J］.北京中医药，2019，38（9）：937-940.

［47］ 马冬梅，陶庆春，齐宏伟.中双黄连对泛耐药鲍曼不动杆菌的体外抑菌实验研究［J］.实用临床医药杂志，2014（16）：109-111.

［48］ 马冬梅，陶庆春，齐宏伟.中药双黄连对泛耐药鲍曼不动杆菌的体外抑菌实验研究［J］.实用临床医药杂志，2014，18（16）：109-111.

［49］ 刘佳，陶庆春.热毒宁联合西药对耐碳青霉烯鲍曼不动杆菌体外抑菌实验研究［J］.北京中医药，2019，38（1）：35-37.

［50］ 李新，陈化禹，杨桂芳，等.热毒宁与头孢哌酮钠/舒巴坦钠对泛耐药鲍曼不动杆菌的体外抑菌作用［J］.山东医药，2015（34）：92-93.

［51］ 谭俊青，李蔼文，王康椿，等.头孢哌酮-舒巴坦联合中药对泛耐药鲍曼不动杆菌抗菌活性的研究［J］.检验医学，2016，31（5）：350-354.

［52］ 陈娇.多重耐药鲍曼不动杆菌质粒相关耐药基因的研究以及有效中草药的探索［D］.南昌：南昌大学，2011.

［53］ 周琳琳.珊瑚姜油对常见耐药菌的抑菌作用研究［D］.重庆：第三军医大学，2010.

［54］ 郭鑫，瞿娇，栗境铎，等.诃子水提物对泛耐药鲍曼不动杆菌的抑菌作用［J］.中国微生态学杂志，2014，26（12）：1384-1388.

［55］ 张景皓，李艳红，赵虎.五味子对鲍曼不动杆菌体外杀菌和抑菌作用的研究［J］.检验医学，2014（6）：664-667.

［56］ 彭苑霞，刘晓强，温羚玲，等.大黄等5味中药及单

体成分对临床多重耐药菌的抑制作用［J］．中国实验方剂学杂志，2014，20（22）：103-107．

［57］ 蔡燕，彭乙华，凌保东，等．棓丙酯与抗生素联合抗多重耐药鲍曼不动杆菌作用研究［J］．国际检验医学杂志，2012，33（11）：1281-1282，1285．

［58］ Law, SKK, Tan, HS. The role of quorum sensing, biofilm formation, and iron acquisition as key virulence mechanisms in *Acinetobacter baumannii* and the corresponding anti-virulence strategies. MICROBIOL RES. 2022; 260 127032. doi: 10.1016/j.micres.2022.127032.

［59］ NAZZARO F, FRATIANNI F, COPPOLA R. Quorum sensing and phytochemicals［J］．Int J Mol Sci, 2013, 14（6）：12607-12619．

［60］ TAY S B, YEW W S. Development of quorum-based anti-virulence therapeutics targeting Gram-negative bacterial pathogens［J］．Int J Mol Sci, 2013, 14（8）：16570-16599．

［61］ ZENG L, LIN F, LING B. Effect of traditional Chinese medicine monomers interfering with quorum-sensing on virulence factors of extensively drug-resistant *Acinetobacter baumannii*［J］．Frontiers in pharmacology, 2023, 14: 1135180.

［62］ 刘阿龙．茶多酚对耐药鲍曼不动杆菌生物膜的破坏作用及机制研究［D］．广州：广东药科大学，2019．

［63］ GUO T, LI M, SUN X, et al. Synergistic Activity of Capsaicin and Colistin Against Colistin-Resistant *Acinetobacter baumannii*: In Vitro/Vivo Efficacy and Mode of Action［J］．Frontiers in Pharmacology, 2021. https://doi.org/10.3389/fphar.2021.744494.

［64］ WULTANSKA D, PIOTROWSKI M, PITUCH H. The

effect of berberine chloride and/or its combination with vancomycin on the growth, biofilm formation, and motility of Clostridioides difficile [J]. Eur J Clin Microbiol Infect Dis, 2020, 39 (7): 1391-1399.

[65] DOLMA K G, KHATI R, PAUL A K, et al. Virulence Characteristics and Emerging Therapies for Biofilm – Forming *Acinetobacter baumannii*: A Review [J]. Biology (Basel), 2022, 11 (9). https: //doi. org/10. 3390/biology11091343.

[66] CHEN L, TAN P, ZENG J, et al. Impact of an intervention to control imipenem – resistant *Acinetobacter baumannii* and its resistance mechanisms: An 8 – year survey [J]. Front Microbiol, 2020, 11: 610109.

[67] 郑杨. 黄芩素联合美罗培南对耐碳青霉烯鲍曼不动杆菌体外抑菌作用及机制研究 [D]. 遵义: 遵义医科大学, 2021.

[68] REENS A L, CROOKS A L, SU C, et al. A cell-based infection assay identifies efflux pump modulators that reduce bacterial intracellular load [J]. PLoS Pathog, 2018, 14 (6): e1007115.

[69] TIWARI V, PATEL V, TIWARI M. In – silico screening and experimental validation reveal L – Adrenaline as anti – biofilm molecule against biofilm – associated protein (Bap) producing *Acinetobacter baumannii* [J]. Int J Biol Macromol, 2018, 107 (Pt A): 1242-1252.

[70] DU D, WANG – KAN X, NEUBERGER A, et al. Multidrug efflux pumps: structure, function and regulation [J]. Nat Rev Microbiol, 2018, 16 (9): 523-539.

[71] 侯盼飞, 潘艳, 高春艳, 等. 黄芩苷对泛耐药鲍曼不

动杆菌抑菌作用研究 [J]. 中国国境卫生检疫杂志, 2021, 44 (3): 162-164.

[72] PITOUT J D D, CHEN L. The significance of epidemic plasmids in the success of multidrug-resistant drug pandemic extraintestinal pathogenic *Escherichia coli* [J]. Infect Dis Ther, 2023, 12 (4): 1029-1041.

[73] MASLOVA O, MINDLIN S, BELETSKY A, et al. Plasmids as key players in acinetobacter adaptation [J]. Int J Mol Sci, 2022, 23 (18). https://doi.org/10.3390/ijms231810893.

[74] 陈娇, 刘康, 刘晓庆, 等. 20种中草药对产不同基因型ESBLs鲍曼不动杆菌的抑菌作用的研究 [J]. 时珍国医国药, 2015, 26 (5): 1108-1110.

[75] 刘伟, 庞建, 刘占英, 等. 革兰氏阴性细菌蛋白分泌系统研究进展 [J]. 微生物学通报, 2022, 49 (2): 781-793.

[76] 徐令清, 杜良琴, 袁润奇, 等. 苏木及其活性成分对耐碳青霉烯类鲍曼不动杆菌的体外抑制作用研究 [J]. 重庆医学, 2023, 52 (5): 662-666, 671.

[77] 方金芝, 陈依军, 张洁琳. 半胱氨酸合酶的功能与合成应用研究进展 [J]. 药物生物技术, 2021, 28 (5): 531-536.

[78] THOMAS, D, LOAN, et al. Recombinant cell-lysate-catalysed synthesis of uridine-5'-triphosphate from nucleobase and ribose, and without addition of ATP. [J]. New Biotechnology, 2018. https://doi.org/10.1016/j.nbt.2018.10.002.

[79] 倪建腾, 马致洁, 赵奎君, 等. 基于代谢组学的黄芩苷、盐酸小檗碱抑制鲍曼不动杆菌作用机制的初步研究 [J]. 中国医院用药评价与分析, 21 (7): 834-841.

第8章　挥发油类防治鲍曼不动杆菌进展

鲍曼不动杆菌是一种革兰氏阴性菌，分布广泛，且能够在人体有效定植。根据2024年WHO的评估，它已被列为重点病原体，成为新药研发的关键目标之一。这种细菌能在医院环境中长期存活，附着在物体表面并形成生物膜。由于它对多种抗生素具有固有耐药性，治疗鲍曼不动杆菌引发的感染面临着愈发严峻的挑战[1]。鲍曼不动杆菌通过多种机制展现出强大的耐药性，这些机制包括产生β-内酰胺酶、外排泵系统，以及靶点发生突变。这些因素导致了临床环境中多重耐药鲍曼不动杆菌（MDR-Ab）的流行率不断攀升，对公众健康构成了严重威胁[2]。因此，针对鲍曼不动杆菌抑制作用的研究已成为关键的聚焦领域，迫切需要寻找替代治疗方案。在此背景下，植物精油作为潜在的替代治疗药物，受到了广泛关注。

植物精油是芳香植物通过次生代谢合成的天然浓缩提取物，具有浓烈气味。精油的主要成分是萜类化合物，主要为单萜（C10）和倍半萜（C15），可能还含有二萜（C20）。这些化合物通常以不同比例混合存在。除萜类外，精油还包含多种其他分子类型，如酸、醇、醛、脂肪烃、环酯或内酯、含氮和含硫化合物、香豆素以及苯丙素衍生物。从物理性质上看，精油呈液态、易挥发、透明，通常带有颜色，它们能溶于脂质和密度比水小的有机溶剂。在植物中，精油分布于芽、花、叶和种子等各种器官，通常储存在分泌细胞、腔室、导管、腺毛或表皮细胞中。植物精油富含次生代谢产物，具有广谱抗菌活性，能够有效抑制或减缓细菌、酵母和霉菌的生长。大量研究表明,植物精油对鲍曼不动杆菌有多种作用机制,包括破坏细胞膜、干扰能量代谢、抑制生物膜形成、破坏运动性以及干扰群体感应(QS)(图8-1)。

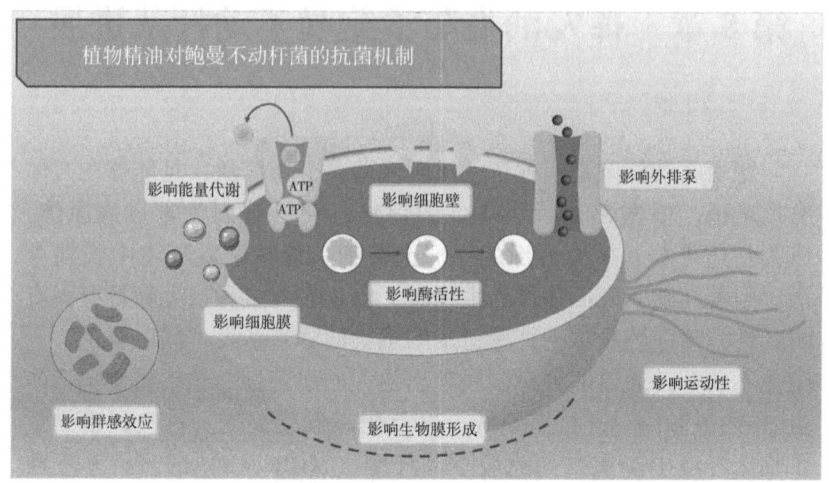

图8-1 植物精油对鲍曼不动杆菌的抗菌机制

一、不同植物精油对鲍曼不动杆菌的抗菌作用

在全面的文献调研过程中,对植物科属进行了系统分析,发现唇形科植物精油(表8-1)对鲍曼不动杆菌有抑制作用,在所有科属中占比最高。诸如百里香(*Thymus vulgaris* L.)、迷迭香(*Rosmarinus officinalis* L.)、牛至(*Origanum vulgare* L.)和宽叶薰衣草(*Lavandula mairei*)等物种,展现出强大的抗菌活性,尤其对耐碳青霉烯类鲍曼不动杆菌(CRAb)效果显著。例如,美国薄荷(*Monarda didyma* L.)的最低抑菌浓度(MIC)低至0.625 μL/mL,而迷迭香对广泛耐药(XDR)菌株的MIC可达20 μL/mL。菊科植物精油(表8-2),如艾菊(*Tanacetum* vulgare）和灰叶蒿（*Artemisia ciniformis*），也显示出显著的抗菌效果。具体而言，灰叶蒿精油对多重耐药菌株尤为有效，对鲍曼不动杆菌 *ATCC 17978* 菌株的 MIC 低至 0.02 mg/mL。此外，樟科植物精油（表 8-3），如肉桂（*Cinnamomum cassia* L.）、樟树（*Cinnamomum camphora*）、鳄梨（*Persea americana* Mill.），具有显著的抗菌特性，大托叶楠（*Nectandra megapotamica*）精油对临床菌株的 MIC 为 72 μg/mL。蔷薇科李属的多种植物（表 8-4）对特定菌株具有良好的抗菌活性。桃金娘科植物（表 8-5）的精油抗菌效果存在差异，部分精油抗菌谱更广，对不同耐药菌株均有效。同时，禾本科、伞形科、十字花科等科属植物的精油对鲍曼不动杆菌也有抗菌作用（表 8-6），这些科属植物精油的抗菌活性各有特点，丰富了对鲍曼不动杆菌有活性的精油种类。

进一步研究表明，植物精油的抗菌效果与其化学成分的复杂性密切相关。不同精油中发现的各种化合物相互作用，共同影响其抗菌活性。此外，实验方法的差异（如肉汤稀释法、纸片扩散法和抑菌圈法）会显著影响研究结果。通过分析萜类、酚类、醇类和酮类等主要化合物在植物精油中的分布与功能，不同植物科属精油的化学成分和抗菌特性得以阐明。如表 8-7 所示，单萜类化合物（如 α-蒎烯、柠檬烯和 1,8-桉叶素）广泛存在于许多植物中，对植物精油的香气和某些生物活性有重要贡献。倍半萜类化合物（如大根香叶烯 D 和 β-石竹烯）展现出潜在的生物活性。酚类化合物（如香芹酚和百里酚），尤其是唇形科植物中的此类化合物，尤为突出，且与显著的抗菌活性紧密相关。醇类（如芳樟醇和香叶醇）和酮类（如樟脑和 α-侧柏酮）在植物精油的生物活性和化学性质方面也发挥着关键作用。这些化合物共同构成了植物精油多样的化学成分，反映了植物在长期进化过程中形成的复杂适应策略和化学防御机制。

此外，不同植物科属的精油对鲍曼不动杆菌的最低抑菌浓度（MIC）存在显著差异。例如，酚类和单萜类化合物对某些耐药菌株表现出极佳的抑制活性,香芹酚和百里酚的最低抑菌浓度低至0.02mg/mL。这些研究结果不仅加深了我们对植物精油成分及其抗菌机制的理解,还为开发基于植物精油的替代或辅助抗菌治疗方法提供了宝贵的数据支持。

二、植物精油对鲍曼不动杆菌的抗菌机制

(一) 影响细胞膜

细胞膜是鲍曼不动杆菌的关键结构之一,履行着多种对细菌生存与繁殖至关重要的生理功能。它不仅维持着细胞的渗透压和内部环境稳定,还调控物质运输、支持代谢过程并助力废物排出。更重要的是,细胞膜在细菌代谢调节和信号转导中发挥着关键作用,是细菌适应环境变化的基础。膜损伤通常被视为生物和非生物应激反应的一个标志,细胞膜的完整性直接影响细菌抵御环境压力的能力。因此,细胞膜损伤已成为评估细菌损伤或死亡的关键指标[3]。

在研究植物精油对鲍曼不动杆菌的影响时,美国薄荷(*Monarda didyma* L.)精油[4]已被证明能有效破坏细菌细胞膜。通过监测细胞内 pH、ATP 水平和膜电位的变化,研究表明薄荷油会引发异常的离子流动,导致细胞器功能障碍。在 Ayse Humeyra Taskin Kafa 等人的研究中[5],研究发现薄荷中薄荷醇和薄荷酮的总含量为56%。这种精油通过破坏细胞膜上的蛋白质结构来抑制细胞呼吸,损害离子跨膜转运机制,最终导致细胞死亡[6]。在 CIRINO I 等人的研究中[7],大叶过江藤精油被证实可通过改变细胞膜通透性,增强庆大霉素的抗菌效果。此外,这种联合治疗还减轻了庆大霉素的副作用,比如肾毒性和耳毒性,尤其是在高剂量或长期使用的情况下。超微结构观察显示,这种联合处理导致细菌细胞膜严重破裂,细胞内容物泄漏,以及膜通透性失衡,进而加剧了细菌细胞的死亡。

(二) 影响细胞壁

细胞壁是位于细胞膜外侧的一种黏性复合物,主要由肽聚糖构成,是病原微生物重要的保护层。精油能够破坏病原体中细胞壁的结构,使其无法维持正常的细胞形态,进而导致细胞死亡,从而发挥抗菌作用。碱性磷酸酶(AKP)是一种位于细胞壁和细胞膜之间的酶,在细菌细胞结构完整时,通常无法检测到它。然而,当细胞壁或细胞膜受损时,细胞通透性增加,导致 AKP 泄漏到细胞外空间。在 Kaiyuan Hao 等人的研究中[8],研究发现,山苍子精油通过干扰碱性磷酸酶(AKP)的活性,显著破坏了鲍曼不动杆菌的细胞壁结构。

(三) 影响酶活性

鲍曼不动杆菌以及其他革兰氏阴性菌对 β-内酰胺类抗生素产生耐药性的主要机制,是产生 β-内酰胺酶。这种酶能够水解抗生素的 β-内酰胺基团,使其失去活性[9]。

在 Fimbres-García J O[10] 的研究中,为了研究鲍曼不动杆菌的 OXA-51β-内酰胺酶与香芹酚、百里香酚和亚胺培南等化合物之间的相互作用,研究人员进行了分子对接和动力学模拟分析。结果显示,作为这些酶天然底物的亚胺培南表现出最高的结合亲和力。香芹酚的结合亲和力稍低,而百里香酚的亲和力最弱。在 30 ns 的动力学模拟中,亚胺培南表现出较高的结合稳定性,香芹酚有一定的稳定性,而百里香酚在 10 ns 后出现了较大波动。这些发现表明,香芹酚可能通过与 OXA-51β-内酰胺酶结合来发挥其抗菌作用,其结合稳定性对抗菌活性起着重要作用。此外,该研究强调了植物化合物与抗生素之间的协同机制,为开发有效的抗菌策略提供了新的理论依据。

(四) 影响能量代谢

在细胞呼吸过程中,细胞膜上的电子传递链会产生跨膜质子梯度,这对于三磷酸腺苷(ATP)的合成至关重要。这一过程由多种具有 ATP 酶活性的酶催化完成,其中包括依赖 ATP 的转运蛋白以及 F_1F_0-ATP 酶复合体[11]。F_1F_0-ATP 酶是一种可逆的质子泵,它利用 ATP 水解产生的能量将质子从细胞质中泵出,从而增强质子梯度并有助于调节细胞质的 pH。精油会破坏细胞膜,导致 ATP 流失,或者干扰质子动力,改变 ATP 酶的构象,并抑制 ATP 酶亚基的表达,所有这些都会影响 ATP 的合成[12],或者通过干扰质子动力、改变 ATP 酶的构象以及抑制 ATP 酶相关亚基的表达,进而影响 ATP 的生成[13]。

用美国薄荷精油处理耐碳青霉烯类鲍曼不动杆菌(CR Ab)后,其 ATP 水平显著下降。与阴性对照组相比,在浓度为 2 倍最小抑菌浓度(2×MIC)时,ATP 含量进一步降低[4]。BODDUPALLI B[14] 进行了分子对接分析,发现紫丁香油、丁香油、牛至油和茶树油中的活性化合物能够抑制 ATP 合酶,这表明 ATP 合酶在针对耐药菌的抗菌活性中起着关键作用。该研究还强调,ATP 合酶是抗菌化合物的关键靶点。对耐药突变与药物靶点之间相互作用的研究进一步表明,这种酶在抗菌机制中至关重要[15]。萜烯类化合物是所选精油的主要成分,研究表明,它们能够抑制 ATP 合酶的活性[16]。香芹酚和丁香酚同样展现出显著的 ATP 合酶抑制活性[17]。根据 Imane Tagnaout[18] 的研究,头状百里香精油的抗菌作用主要归因于香芹酚和百里香酚(两种氧化单萜)的酚类效应。香芹酚破坏细菌细胞膜,导致 ATP 和钾离子泄漏,最终致使细胞死亡。

(五) 影响外排泵

外排泵是微生物耐药性的关键机制之一,在质子依赖系统中尤为如此。这些泵主动将抗生素从细菌细胞中排出,这在很大程度上导致了多药耐药性的产生。虽然有些外排泵具有药物特异性，但大多数外排系统能够转运多种化学类别的化合物，极大地增强了细菌的耐药性[17]。

在 Saleh[19] 的研究中，在 37 株耐碳青霉烯类鲍曼不动杆菌（CR Ab）中均检测到外排泵基因 adeJ、adeK、adeB 和 adeC，其检出率分别为 100%、100%、86% 和 94.5%。实时荧光定量聚合酶链反应（qRT-PCR）分析显示，亚胺培南与肉桂油或羰基氰化物间氯苯腙（CCCP）联合处理后，adeJ、adeK、adeC 和 adeB 的信使核糖核酸（mRNA）水平显著下调。值得注意的是，亚胺培南与肉桂油联用时，对这四个 RND 型外排泵基因的抑制作用更为明显。这些研究结果表明，肉桂油可能通过下调外排泵基因的表达来增强亚胺培南的抗菌活性。

KIM CM[20] 研究了香叶醇与抗生素的联合使用情况，发现香叶醇显著降低了四种抗生素的最低抑菌浓度。尽管在具有高和低外排活性的菌株之间未观察到显著差异，但香叶醇-抗生素组合增强的抗菌效果似乎并非仅依赖于对外排泵的抑制。这表明香叶醇可能通过其他机制增强抗菌活性。Lorenzi 研究[21] 进一步揭示，意大利蜡菊精油可通过下调 OprD 的表达来降低鲍曼不动杆菌对氯霉素的耐药性。当与氯霉素联用时，意大利蜡菊精油显著降低了 MIC，而外排泵抑制剂苯丙氨酸-精氨酸-萘基酰胺仅使 MIC 降低。这一发现表明，植物精油可通过调节外排泵的表达显著增强抗生素的疗效。Phitchayapak Wintachai[22] 的研究表明，南美油藤油中的成分，如脂肪酸、黄酮类化合物、生育酚、甾醇、三萜类化合物和脂肪醇，可能对外排泵产生抑制作用。这种作用可能通过与外排泵蛋白的直接相互作用、调节外排泵的能量供应或调控外排泵相关基因的表达来实现，从而增强抗菌活性。

（六）影响游动性

菌毛是革兰氏阴性菌表面的纤细蛋白质结构。尽管与鞭毛不同，菌毛在细菌感染过程中起着至关重要的作用。它们不仅促进细菌与宿主细胞之间的相互作用，还体现了细菌适应环境的能力。菌毛促进细菌与其他表面或相邻细菌的接触，这对于生物膜的形成尤为关键。Da Silva Cirino[7]研究表明，经大叶过江藤精油处理后，可观察到菌毛从细菌表面大量脱离，且细菌运动性受到显著抑制。这一发现表明，大叶过江藤精油可能干扰菌毛的结构与功能，进而抑制细菌运动性和生物膜形成，为开发新型抗菌策略提供了有价值的思路。

（七）影响生物膜形成能力

细菌形成生物被膜的能力，是其在医院环境中得以存活并产生抗生素耐药性的关键机制之一。生物被膜不仅能为细菌抵御外界压力提供有效保护，还会阻碍抗生素及其他抗菌剂的渗透，从而增强细菌的耐药性[23]。因此，抑制生物膜形成或促进其清除是抗菌治疗中的关键策略。多项研究表明，精油和天然化合物因其抗菌特性以及抑制细菌黏附的潜力，在预防生物膜形成方面展现出显著效果[24]。Marinas 等[25]的研究发现，加拿大一枝黄花精油显著抑制了鲍曼不动杆菌对惰性底物和细胞底物的黏附，将黏附指数降低至17.52%，同时还改变了其黏附模式，这表明植物精油能有效干扰细菌生物膜的初始形成。这表明植物精油能够有效地干预细菌生物膜的初始形成过程。Raja El Khelouia 的研究[26]进一步证实，宽叶薰衣草（*Lavandula mairei* Humbert）精油在去除鲍曼不动杆菌生物膜方面起着关键作用，其生物膜清除率达到 64.02%。此外，辣椒雌株叶片提取的精油，生物膜抑制率和清除率分别为 85% 和 34%，这凸显了其在抑制生物膜形成方面的潜力[27]。冷榨樱桃籽油在抑制初始生物膜和成熟生物膜的形成方面都有一定效果，樱桃籽油和李子油在生物膜抑制和细菌细胞代谢方面表现出相似的作用。值得注意的是，尽管一些精油成分对生物膜形成的抑制作用并不显著，但它们仍能通过作用于细胞代谢产生间接影响。鲍曼不动杆菌对黑樱桃油较为敏感，黑樱桃油对其生物膜的抑制率分别为60.62%和42.54%[8]。在Alves[28]的研究中，进一步研究发现，即使在亚抑菌浓度下，芳樟醇也能显著减少鲍曼不动杆菌在各种表面的生物膜形成。芳樟醇对不同菌株的抑制效果有所差异，对于LMG 1025菌株，在聚氯乙烯（PVC）表面的抑制率达到42%。此外，Ângelo Luís[29]通过计算总黏附自由能（ΔGTotal adhesion），研究了八角茴芹精油对鲍曼不动杆菌黏附能力的影响。结果表明，八角（*Illicium verum* Hook. f.）精油显著降低了LMG 1025菌株对聚苯乙烯的黏附，扫描电子显微镜（SEM）图像也证实了这一发现。值得注意的是，噬菌体vWUPSU与南美油藤油联合使用时呈现出协同效应，对生物膜的预防和清除效果增强。这种组合不仅显著降低了生物膜生物量和细胞活力，在清除成熟生物膜方面效果更强，展现出相加效应[22]。

（八）影响群感效应形成

在诸如鲍曼不动杆菌这类细菌中，群体感应（QS）系统通过感知细胞密度，在调控毒力因子的表达方面起着关键作用。这一机制依赖于细胞内和细胞外信号的整合，由LuxI/LuxR同源系统控制。它生成并检测信号分子，比如酰基高丝氨酸内酯（AHL）家族的分子，其中包括AbaI/AbaR。群体感应系统调控细菌的多种生理功能，尤其是与致病性相关的过程，如运动性、生物膜形成以及应激反应[30,31]。

鉴于群体感应（QS）系统在细菌致病过程中的关键作用，以该系统为靶点已成为抗菌研究的一个重要关注点。多项研究表明，天然化合物，尤其是精油，能够有效抑制QS信号的产生，从而降低细菌的毒力。例如，Susana Alves[28]证实，芳樟醇对创伤弧菌ATCC 12472的QS系统有显著影响。芳樟醇抑制了紫色杆菌素的合成，这表明它干扰了QS机制，不过确切的抑制机制仍有待进一步研究。Ângelo Luís[29]同样评估了八角（*Illicium verum* Hook.

f.) 精油对鲍曼不动杆菌 QS 系统的作用，发现它能有效抑制紫色杆菌素的产生，进而破坏 QS 信号转导。LuísÂ[32]发现，薄荷油对唇萼薄荷 (Mentha pulegium L.) 的抑制作用明显强于白藜芦醇，光学显微镜图像进一步证实了这一发现。在薄荷油处理组中，创伤弧菌无法形成紫色菌落，而对照组则未出现这种情况。

三、鲍曼不动杆菌的植物精油免疫相关抗菌机制

(一) 肺炎小鼠模型中的免疫机制

鲍曼不动杆菌引发的感染，如肺炎、菌血症、尿路感染、手术伤口感染以及脑膜炎等，已成为最常见且致命的医院感染病原体之一。尤其是呼吸机相关性肺炎和社区获得性肺炎，死亡率在40%~70%[33,34]。因此，开发应对该病原体引发免疫反应的新型治疗策略，已成为微生物学和临床免疫学研究的重点。

在小鼠肺炎模型中，以纳米乳液形式递送的茶树油[35]相较于传统治疗方法展现出更卓越的抗菌活性。在鲍曼不动杆菌引起的肺部感染案例中，负载纳米乳液的茶树油有效地减轻了炎症反应。通过减少白细胞和中性粒细胞等免疫细胞数量，并且显著抑制促炎细胞因子和白细胞介素-1β (IL-1β) 的表达，这种治疗方法成功缓解了细菌引发的肺部损伤。此外，它还降低了环氧化酶-2 (COX-2) 的表达，从而抑制了炎症过程。

Miao Li[36]的研究进一步证实了茶树油在免疫调节中的作用。该研究利用白色念珠菌和鲍曼不动杆菌诱发的大鼠肺炎模型，并使用茶树油-β-环糊精复合物，发现这种组合有效地抑制了白细胞和中性粒细胞的过度募集，阻止它们在感染部位积聚。此机制在感染期间保护肺泡细胞免受这些免疫细胞的损伤，特别是通过减少活性氧 (ROS) 和蛋白酶的释放，从而控制感染的进展。此外，该治

疗还下调了促炎细胞因子如肿瘤坏死因子-α（TNF-α）、白细胞介素-1β（IL-1β）和白细胞介素-6（IL-6）的水平，进一步减轻炎症反应和肺部损伤，凸显了精油在治疗细菌性肺炎方面的巨大潜力。

（二）创伤模型小鼠中的免疫机制

鲍曼不动杆菌在免疫功能低下的患者中感染发生率较高，是伤口感染的常见病原菌。由于其具有生物膜形成和抗生素耐等毒力因子，鲍曼不动杆菌常常使伤口感染的预后变得复杂[37]。

Babatunde[38]研究表明，这些精油不仅能通过调节炎症、氧化应激以及谷丙转氨酶（ALT）、谷草转氨酶（AST）、碱性磷酸酶（ALP）和谷胱甘肽（GSH）等血清生物标志物，促进伤口愈合，还能增强肝肾功能以及蛋白质合成，有效助力受损组织的修复。值得注意的是，鳄梨油和丁香油对伤口病原体表现出显著的抗菌活性，且毒性相对较低，这使它们有望成为高效对抗革兰氏阴性菌的绿色替代抗菌剂。此外，这些油类的抗菌特性表明，它们可作为治疗细菌感染的可再生天然药物来源。

Ismail[27]的研究进一步验证了多香果油在伤口感染治疗中的潜在应用。结果显示，在小鼠伤口模型中，多香果油与头孢哌酮联用显著降低了感染部位的微生物载量。辣椒油中的挥发性成分展现出比标准抗菌剂桉树油更强的抗菌活性，在减少细菌数量方面效果显著。相比之下，使用传统载体，如杏仁油或桉树油进行的治疗效果较弱。总体而言，多香果油的协同作用为伤口感染的治疗提供了一种有效且前景良好的天然替代方案。

四、展望

植物精油通过多种机制展现出卓越的抗菌活性，这些机制包括破坏细胞膜、干扰能量代谢、抑制外排泵以及调节细胞壁和群体感应。然而，目前的研究主要集中在其单一靶点机制上。未来的研究应着重系统地探究植物精油的多靶点效应。通过运用高通量筛选、分子建模和靶点验证等技术，将有可能剖析精油成分与细菌细胞靶点之间的相互作用，从而全面理解其抗菌机制。尤其重要的是阐明精油与抗生素之间的协同作用机制，这可为针对耐药菌的联合治疗策略提供有力的理论支持。

与此同时，当前研究表明，精油对伤口愈合、抗菌活性以及伤口模型小鼠中免疫相关标志物的调节具有积极作用，显示出其作为天然抗菌和促愈合剂的潜力（图8-2）。然而，仍有许多方面需要深入探索。未来的研究可聚焦于阐明不同精油的具体分子机制，例如精油成分如何精确调节炎症相关信号通路，以及细胞增殖和分化的分子机制。在临床应用方面，需要更多大规模动物实验和临床试验，以评估精油在不同类型伤口和不同感染程度中的安全性和有效性，并确定其使用的最佳剂量和配方。

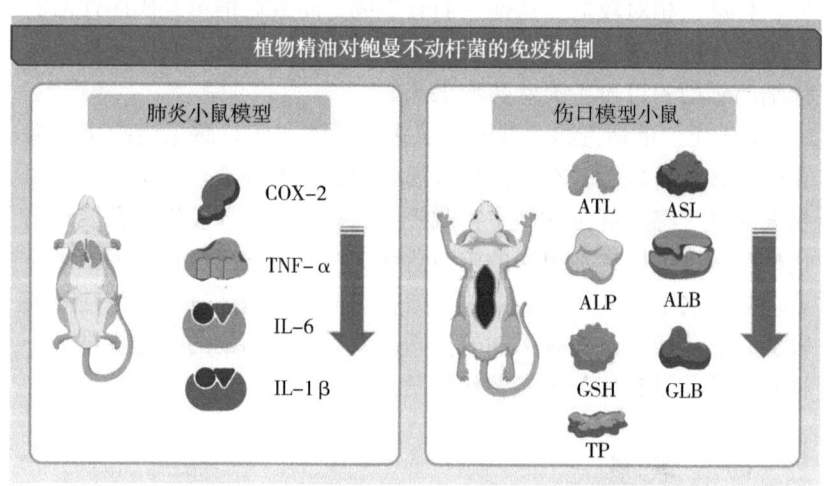

图8-2 精油对鲍曼不动杆菌的免疫调节作用

尽管植物精油在体外研究中展现出强大的抗菌效果，但它们在体内的生物利用度和稳定性问题，仍是其临床应用的重大障碍。未来研究可整合创新递送系统，如纳米技术和脂质体技术，以增强精油的生物相容性、靶向能力和缓释性能，从而提高其在治疗细菌感染方面的疗效。此外，开发适用于临床的剂型，包括口服、外用或注射制剂，将有助于植物精油更广泛地应用于临床。

随着抗生素耐药问题的加剧，植物精油作为天然绿色抗菌剂，具有巨大的潜力。确定具有强抗菌活性和低毒性的植物精油成分，并与现有抗菌药物结合，可为新型绿色抗生素的开发铺平道路。精油的天然和可再生特性，使其在环保型抗菌治疗中具有独特优势。未来研究还应关注环境污染和抗生素耐药菌传播等全球性问题，推动绿色抗菌剂的开发与应用。

表8-1 唇形科植物精油对鲍曼不动杆菌抗菌作用

挥发油名称	科属分类	最小抑菌浓度(MIC)	菌株来源	科属分类图
Thymus vulgaris Linn.[19]	*Thymus* (Labiatae)	4~64mg/mL	CR Ab-*A. baumannii*	
Rosmarinus officinalis L.[39]	*Rosmarinus* (Labiatae)	12.5mg/mL	*A. baumannii*	
Origanum vulgare L.[40]	*Origanum* (Labiatae)	13.78μL/mL	*A. baumannii*	
Synonym *Thymbra capitata* L.[18]	*Thymus* (Labiatae)	4μL/mL	*A. baumannii*	
Thymus broussonetii Boiss[18]	*Thymus* (Labiatae)	4μL/mL	*A. baumannii*	
Monarda didyma L.[4]	*Mentha* (Labiatae)	0.625μL/mL	CR Ab-*A. baumannii*	
Stachys macrostachya (Wend.) Briq[41]	*Stachys* (Labiatae)	62.5μg/mL	*A. baumannii*	
Englerastrum gracillimum Th[42]	*Lavandula* (Labiatae)	3mg/mL	MDR-*A. baumannii* P1483	

（续表）

挥发油名称	科属分类	最小抑菌浓度（MIC）	菌株来源	科属分类图
Mentha pulegium L. [43]	Mentha（Labiatae）	1.2mm	imipenem - resistant A. baumannii S3310	
Mentha piperita[5]	Mentha（Labiatae）	2.5~5.0μL/mL	XDR-A. baumannii	
Rosemary officinalis [5]	Rosmarinus（Labiatae）	5.0~20.0μL/mL	XDR-A. baumannii	
Lavandula angustifolia Mill[44]	Lavandula（Labiatae）	1.25μL/mL	A. baumannii	
Mentha haplocalyx Briq [44]	Mentha（Labiatae）	2.5μL/mL	A. baumannii	
Mentha × piperita Linnaeus	Mentha（Labiatae）	40mg/mL	MDR-A. baumannii	
Ziziphora tenuior L.[45]	Ziziphora（Labiatae）	0.6~1.25μL/mL	MDR-A. baumannii	
Ocimum basilicum L. [46]	Ocimum（Labiatae）	1mg/mL	A. baumannii ATCC 19606 MDR-A. baumannii	
Ocimum gratissimum [46]	Ocimum（Labiatae）	1mg/mL	A. baumannii ATCC 19606 MDR-A. baumannii	
Satureja bachtiarica[47]	Origanum（Labiatae）	0.5mg/mL	A. baumannii	
Lippia graveolens[10]	Phyla（Labiatae）	0.625mg/mL	A. baumannii ATCC19606	
Lavandula mairei Humbert[26]	Angustifolia（Labiatae）	1.56μL/mL	MDR-A. baumannii	
Mentha pulegium L.[32]	Mentha（Labiatae）	2%（v/v）	A. baumannii LMG 1041 A. baumannii LMG 1025	

表8-2 菊科植物精油对鲍曼不动杆菌抗菌作用

挥发油名称	科属分类	最小抑菌浓度（MIC）	菌株来源	科属分类图
Tanacetum vulgare [48]	*Cichorium*（Asteraceae）	62.5~500 μg/mL	MDR-*A. baumannii*	
Artemisia ciniformis [49]	*Artemisia*（Asteraceae）	0.02mg/mL	*A. baumannii* ATCC 17978	
Helichrysum italicum [50]	*Helichrysum*（Asteraceae）	64mg/mL	CR Ab-*A. baumannii*	
Solidago canadensis L. [25]	*Solidago*（Asteraceae）	2.81~22.5 mg/mL	*A. baumannii*	
Artemisia ciniformis [49]	*Artemisia*（Asteraceae）	0.02mg/mL	*A. baumannii* ATCC 17978	
Artemisia herba alba Asso. [43]	*Artemisia*（Asteraceae）	1.2μL/mL	IR-*A. baumannii* S3310	

表8-3 樟科植物精油对鲍曼不动杆菌抗菌作用

挥发油名称	科属分类	最小抑菌浓度（MIC）	菌株来源	科属分类图
Cinnamomum cassia L. [19]	*Cinnamomum*（Lauraceae）	2~64 mg/mL	CR Ab-*A. baumannii*	
Persea americana Mill. [38]	*Persea*（Lauraceae）	25mg/mL	*A. baumannii*	
Nectandra megapotamica [51]	*Phoebe*（Lauraceae）	72~562.5 μg/mL	*A. baumannii*	
Cinnamomi Cortex [44]	*Cinnamomum*（Lauraceae）	0.62μL/mL	*A. baumannii*	
Cinnamomum verum J. Presl [46]	*Cinnamomum*（Lauraceae）	0.25mg/mL	*A. baumannii* ATCC 19606 MDR-*A. baumannii*	
Cinnamomum camphora [52]	*Cinnamomum*（Lauraceae）	1.04%~6.24%	*A. baumannii*	
Litsea cubeba [8]	*Litsea*（Lauraceae）	1.04 mg/mL	*A. baumannii*	

表 8-4　蔷薇科植物精油对鲍曼不动杆菌抗菌作用

挥发油名称	科属分类	最小抑菌浓度（MIC）	菌株来源	科属分类图
Prunussalicina [53]	Prunus（Rosaceae）	30μg/mL	A. baumannii ATCC 19606	
Prunus maximowiczii Rupr. [53]	Prunus（Rosaceae）	25.5μg/mL	A. baumannii ATCC 19606	
Prunus armeniaca L. [53]	Prunus（Rosaceae）	22.5μg/mL	A. baumannii ATCC 19606	
Prunus persica L. [53]	Prunus（Rosaceae）	30.5μg/mL	A. baumannii ATCC 19606	
Prunus pseudocerasus Lindl. [53]	Prunus（Rosaceae）	24.5μg/mL	A. baumannii ATCC 19606	
Lavandula pubescens [54]	Prunus（Rosaceae）	78μg/mL	A. baumannii ATCC 1605	

表 8-5　桃金娘科植物精油对鲍曼不动杆菌抗菌作用

挥发油名称	科属分类	最小抑菌浓度（MIC）	菌株来源	科属分类图
Syzygium aromaticum L. [46]	Syzygium（Myrtaceae）	0.5mg/mL	A. baumannii ATCC 19606 MDR-A. baumannii	
Syzygium aromaticum [55]	Syzygium（Myrtaceae）	1.04μL/mL	A. baumannii	
Syzygium aromaticum L. [19]	Syzygium（Myrtaceae）	4~256mg/mL	CR Ab-A. baumannii	
Myrtus communis L. [56]	Myrtus（Myrtaceae）	1.14~4μL/mL	A. baumannii ATCC19606 A. baumannii ATCC BAA747	
Eucalyptus camaldulensis [57]	Eucalyptus（Myrtaceae）	0.5~2μL/mL	MDR-A. baumannii	
Pimenta [27]	Capsicum（Myrtaceae）	0.51~5.2μg/mL	MDA-A. baumannii	

表 8-6 其他科植物精油对鲍曼不动杆菌抗菌作用

挥发油名称	科属分类	最小抑菌浓度 (MIC)	菌株来源
Cymbopogon citratus (DC.) *Stapf*[46]	*Cymbopogon* (Poaceae)	1mg/mL	*A. baumannii* ATCC 19606 MDR-*A. baumannii*
Cymbopogon flexuosus[57]	*Cymbopogon* (Poaceae)	0.25~1 (%v/v)	*A. baumannii*
Coriandrum sativum L.[28]	*Coriandrum* (Apiaceae)	64~256μL/mL	*A. baumannii* LMG 1025 *A. baumannii* LMG 1041
Carum carvi L.[19]	*Carum* (Apiaceae)	4~1 024mg/mL	CR Ab-*A. baumannii*
Citrus aurantifolia[46]	*Citrus* (Rutaceae)	1mg/mL	*A. baumannii* ATCC 19606MDR-*A. baumannii*
Citrus hystrix DC. *Cat.*[46]	*Citrus* (Rutaceae)	1mg/mL	*A. baumannii* ATCC 19606MDR-*A. baumannii*
Hypericum revolutum[58]	*Hypericum* (Clusiaceae)	62.5μL/mL	*A. baumannii* ATCC19606
Lippia macrophylla[7]	*Phyla* (Verbenaceae)	<500μg/mL	MDA-*A. baumannii*
Camellia Sinensis O. Ktze[44]	*Camellia* (Theaceae)	20μL/mL	*A. baumannii*
Pelargonium graveolens[59]	*Pelargonium* (Geraniaceae)	5.0~20.0μL/mL	XDR-*A. baumannii*
Ilex chinensis Sims[44]	*Ilex* (Aquifoliaceae)	20μL/mL	*A. baumannii*
Syringa oblata Lindl[44]	*Syringa* (Oleaceae)	10μL/mL	*A. baumannii*
Astrocaryum vulgare[60]	*Astrocaryum* (Arecaceae)	800μg/mL	*A. baumannii*

(续表)

挥发油名称	科属分类	最小抑菌浓度（MIC）	菌株来源
Viola odorata L. [61]	Viola (Violaceae)	2.5~4mg/mL	ATCC19606
Illicium verum Hook. f. [29]	Illicium (Magnoliaceae)	16μL/mL	A. baumannii LMG1025
Aglaia odorata Lour. [62]	Aglaia (Meliaceae)	0.0625~0.5mg/mL	A. baumannii ATCC 19606
Plukenetia volubilis Linneo (Wintachai, 2022)	Plukenetia (Euphorbiaceae)	25% (v/v)	MDR-A. baumannii
Cistus ladanifer L. [63]	Cistus (Cistaceae)	10μL/mL	A. baumannii

表8-7 植物精油主要化学成分

序号	挥发油名称	科属分类	化学式结构	
1	*Stachys macrostachya* (Wend.) Briq[41]	*Stachys* (Lamiaceae)	germacrene D	
			globulol	
			α-pinene	
			valencene	
2	Englerastrum gracillimum Th [42]	*Lavandula* (Lamiaceae)	α-humulene	
			cubenol	
			γ-muurolene	
			(E)-β-caryophyllene	
3	*Satureja bachtiarica* [47]	*Origanum* (Lamiaceae)	carvacrol	
			P-Cymene	
			γ-terpinene	
			linalool	

(续表)

序号	挥发油名称	科属分类	化学式结构	
4	*Rosmarinus officinalis* L.[39]	*Rosmarinus* (Lamiaceae)	camphor	
			1,8-cineole	
			terpinen-4-ol	
5	*Thymus capitatus* [41]	*Thymus* (Lamiaceae)	Carvacrol	
			p-cymene	
			linalool	
			(E)-caryophyllene	
6	*Thymus broussonetii* Boiss [18]	*Thymus* (Lamiaceae)	Carvacrol	
			thymol	
			p-cymene	
			γ-terpinene	

(续表)

序号	挥发油名称	科属分类	化学式结构	
7	Artemisia herba alba Asso.[43]	Artemisia (Asteraceae)	camphor	
			α-thujone	
			1,8-cineole	
			β-thujone	
8	Tanacetum vulgare [48]	Cichorium (Asteraceae)	α-Thujone	
			β-Thujone	
			Eucalyptol	
			Sabinene	
9	Solidago canadensis L.[25]	Solidago (Asteraceae)	α-pinene	
			limonene	
			Germacrene D	
			Bornyl acetate	

(续表)

序号	挥发油名称	科属分类	化学式结构	
10	*Cinnamomum verum* J. *Presl*[46]	*Cinnamomum* (Lauraceae)	longifolene	
			coumarin	
			linalool	
			isoeugenol	
11	*Cinnamomum camphora* [52]	*Cinnamomum* (Lauraceae)	Eucalypto	
			2,6,6-trimethylbicyclo hept-2-ene	
			D-Limonene	
			Bicyclo [3.1.1] heptan-3-ol,6,6-dimethyl-2-methylene	
12	*Syzygium aromaticum* [55]	*Syzygium* (Myrtaceae)	eugenol	
			eugenyl acetate	
			β-caryophyllene	
			α-Humulene	

(续表)

序号	挥发油名称	科属分类	化学式结构	
13	Eucalyptus globulus Labill.[56]	Eucalyptus (Myrtaceae)	1,8-cineole	
			α-pinene	
			β-myrcene	
14	Curcuma longa [55]	Curcuma (Zingiberaceae)	Ar-tumerone	
			A-tumerone	
			β-Tumerone	
			α-zingibirene	
15	Zingiber cassumunar Roxb. [64]	Zingiber (Zingiberaceae)	sabinene	
			terpinene-4-ol	
			γ-terpinene	
			(E)-1-(3,4-Dimethoxyphenl)butadiene	

(续表)

序号	挥发油名称	科属分类	化学式结构	
16	*Hypericum revoltum* [58]	*Hypericum* (Clusiaceae)	Caryophyllene	
			α-farnesene	
			2-ethyl-2-methyl-oxirane	
17	*Viola odorata* L. [61]	*Viola* (Violaceae)	phenethyl alcohol	
			isopropyl myristate	
			2-nonynoic acid	
			methyl ester	
18	*Pimenta* [27]	*Capsicum* (Solanaceae)	Myrcene	
			1,8-cineole	
			Limonene	
			Linaool	

(续表)

序号	挥发油名称	科属分类	化学式结构	
19	*Lippia macrophylla* [7]	*Phyla* (Verbenaceae)	thymol	
			carvacrol	
			o-cymene	
20	*Illicium verum* Hook. F [29]	*Illicium* (Magnoliaceae)	trans-anethole	
			estragole	
			limonene	
21	*Cymbopogon flexuosus* [65]	*Cymbopogon* (Poaceae)	geraniol	
			linalool	
			neral	
			geranial	

参考文献

[1] FATEMI N, SHARIFMOGHADAM M R, BAHREINI M, et al. Antibacterial and synergistic effects of herbal extracts in combination with amikacin and imipenem against multi-drug-resistant isolates of Acinetobacter [J/OL]. Current Microbiology, 2020, 77 (9): 1959-1967 [2025-01-27].

[2] KYRIAKIDIS I, VASILEIOU E, PANA Z D, et al. *Acinetobacter baumannii* antibiotic resistance mechanisms [J/OL]. Pathogens, 2021, 10 (3): 373 [2025-01-27].

[3] NV P, PA V, VEMANNA R, et al. Quantification of membrane damage/cell death using Evan's blue staining technique [J/OL]. BIO-PROTOCOL, 2017, 7 (16) [2025-01-27].

[4] 鄂心蕊. 美国薄荷精油对耐碳青霉烯鲍曼不动杆菌抗菌活性及抗菌机制的研究 [D]. 佳木斯: 佳木斯大学, 2022.

[5] KAFA A H T, ASLAN R, CELIK C, et al. Antimicrobial synergism and antibiofilm activities of *Pelargonium graveolens*, *Rosemary officinalis*, and *Mentha piperita* essential oils against extreme drug-resistant *Acinetobacter baumannii* clinical isolates [J/OL]. Zeitschrift für Naturforschung C, 2022, 77 (3-4): 95-104 [2025-01-27].

[6] TROMBETTA D, CASTELLI F, SARPIETRO M G, et al. Mechanisms of antibacterial action of three monoterpenes [J/OL]. Antimicrobial Agents and Chemotherapy, 2005, 49 (6): 2474-2478 [2025-01-27].

[7] DA SILVA CIRINO I C, DE SANTANA C F, VASCONCELOS ROCHA I, et al. The Combinatory effects of essential oil from *Lippia macrophylla* on multidrug resistant *Acinetobacter baumannii* clinical isolates [J/OL]. Chemistry & Biodiversity, 2024, 21 (10): e202400537 [2025-01-27].

[8] HAO K, XU B, ZHANG G, et al. Antibacterial activity and mechanism of *Litsea cubeba* L. essential oil against *Acinetobacter baumannii* [J/OL]. Natural Product Communications, 2021, 16 (3): 1934578X21999146 [2025-01-27].

[9] MASSOVA I, MOBASHERY S. Kinship and diversification of bacterial penicillin-binding proteins and β-Lactamases [J/OL]. Antimicrobial Agents and Chemotherapy, 1998, 42 (1): 1-17 [2025-02-07].

[10] FIMBRES-GARCÍA J O, FLORES-SAUCEDA M, OTHÓN-DÍAZ E D, et al. *Lippia graveolens* essential oil to enhance the effect of imipenem against axenic and co-cultures of *Pseudomonas aeruginosa* and *Acinetobacter baumannii* [J/OL]. Antibiotics, 2024, 13 (5): 444 [2025-01-27].

[11] ANDRÉS M T, FIERRO J F. Antimicrobial mechanism of action of transferrins: selective inhibition of H^+-ATPase [J/OL]. Antimicrobial Agents and Chemotherapy, 2010, 54 (10): 4335-4342 [2025-01-27].

[12] TURGIS M, HAN J, CAILLET S, et al. Antimicrobial activity of mustard essential oil against *Escherichia coli* O157: H7 and *Salmonella typhi* [J/OL]. Food Control, 2009, 20 (12): 1073-1079 [2025-01-27].

[13] VASCONCELOS N G, CRODA J, SIMIONATTO S. Antibacterial mechanisms of cinnamon and its constituents: A review [J/OL]. Microbial Pathogenesis, 2018, 120: 198-203 [2025-01-27].

[14] BODDUPALLI B M, RAMANI R, JACOB B M, et al. In silico ATP synthase inhibition activity and antibacterial activity of selected essential oil against *Escherichia coli* and resistant *Acinetobacter baumannii* [J/OL]. International Journal of TROPICAL DISEASE & Health, 2022: 1-11 [2025-01-27].

[15] BALEMANS W, VRANCKX L, LOUNIS N, et al. Novel antibiotics targeting respiratory ATP synthesis in gram-positive pathogenic bacteria [J/OL]. Antimicrobial Agents and Chemotherapy, 2012, 56 (8): 4131-4139 [2025-01-27].

[16] OH I, YANG W Y, PARK J, et al. In vitro Na^+/K^+-ATPase inhibitory activity and antimicrobial activity of sesquiterpenes isolated from *Thujopsis dolabrata* [J/OL]. Archives of Pharmacal Research, 2011, 34 (12): 2141-2147 [2025-01-27].

[17] GILL A O, HOLLEY R A. Disruption of *Escherichia coli*, *Listeria monocytogenes* and *Lactobacillus sakei* cellular membranes by plant oil aromatics [J/OL]. International Journal of Food Microbiology, 2006, 108 (1): 1-9 [2025-01-27].

[18] TAGNAOUT I, ZERKANI H, HADI N, et al. Chemical composition, antioxidant and antibacterial activities of *Thymus broussonetii* Boiss and *Thymus capitatus* (L.) Hoffmann and link essential oils [J/OL]. Plants, 2022,

11 (7): 954 [2025-01-27].

[19] SALEH N M, EZZAT H, EL-SAYYAD G S, et al. Regulation of overexpressed efflux pump encoding genes by cinnamon oil and trimethoprim to abolish carbapenem-resistant *Acinetobacter baumannii* clinical strains [J/OL]. BMC Microbiology, 2024, 24 (1): 52 [2025-01-27].

[20] KIM C M, KO Y J, LEE S B, et al. Adjuvant antimicrobial activity and resensitization efficacy of geraniol in combination with antibiotics on *Acinetobacter baumannii* clinical isolates [J/OL]. PLOS ONE, 2022, 17 (7): e0271516 [2025-01-27].

[21] LORENZI V, MUSELLI A, BERNARDINI A F, et al. Geraniol restores antibiotic activities against multidrug-resistant isolates from gram-negative species [J/OL]. Antimicrobial Agents and Chemotherapy, 2009, 53 (5): 2209-2211 [2025-01-27].

[22] WINTACHAI P, VORAVUTHIKUNCHAI S. Characterization of novel lytic myoviridae phage infecting multidrug-resistant *Acinetobacter baumannii* and synergistic antimicrobial efficacy between phage and sacha inchi oil [J/OL]. Pharmaceuticals, 2022, 15 (3): 291 [2025-01-27].

[23] HARDING C M, HENNON S W, FELDMAN M F. Uncovering the mechanisms of *Acinetobacter baumannii* virulence [J/OL]. Nature Reviews Microbiology, 2018, 16 (2): 91-102 [2025-01-27].

[24] CHAIEB K, KOUIDHI B, JRAH H, et al. Antibacterial activity of Thymoquinone, an active principle of Nigella sativa and its potency to prevent bacterial biofilm formation

[J/OL]. BMC Complementary and Alternative Medicine, 2011, 11 (1): 29 [2025-01-27].

[25] MARINAS I C, OPREA E, BULEANDRA M, et al. Chemical, antimicrobial, antioxidant and anti-proliferative features of the essential oil extracted from the invasive plant *Solidago canadensis* L. [J/OL]. Revista de Chimie, 2020, 71 (7): 255-264 [2025-01-27].

[26] EL KHELOUI R, LAKTIB A, ELMEGDAR S, et al. Anti-adhesion and antibiofilm activities of *Lavandula mairei* humbert essential oil against *Acinetobacter baumannii* isolated from hospital intensive care units [J/OL]. Biofouling, 2022, 38 (10): 953-964 [2025-01-27].

[27] ISMAIL M M, SAMIR R, SABER F R, et al. Pimenta Oil as a Potential Treatment for *Acinetobacter baumannii* Wound Infection: In Vitro and In Vivo Bioassays in Relation to Its Chemical Composition [J/OL]. Antibiotics, 2020, 9 (10): 679 [2025-01-27].

[28] ALVES S, DUARTE A, SOUSA S, et al. Study of the major essential oil compounds of *Coriandrum sativum* against *Acinetobacter baumannii* and the effect of linalool on adhesion, biofilms and quorum sensing [J/OL]. Biofouling, 2016, 32 (2): 155-165 [2025-01-27].

[29] LUÍS Â, SOUSA S, WACKERLIG J, et al. Star anise (*Illicium verum* Hook. f.) essential oil: Antioxidant properties and antibacterial activity against *Acinetobacter baumannii* [J/OL]. Flavour and Fragrance Journal, 2019, 34 (4): 260-270 [2025-01-27].

[30] DE SILVA P M, KUMAR A. Signal Transduction proteins in *Acinetobacter baumannii*: Role in antibiotic resistance,

virulence, and potential as drug targets [J/OL]. Frontiers in Microbiology, 2019, 10: 49 [2025-01-27].

[31] MAYER C, MURAS A, ROMERO M, et al. Multiple quorum quenching enzymes are active in the nosocomial pathogen *Acinetobacter baumannii* ATCC17978 [J/OL]. Frontiers in Cellular and Infection Microbiology, 2018, 8: 310 [2025-01-27].

[32] LUÍS Â, DOMINGUES F. Screening of the potential bioactivities of pennyroyal (*Mentha pulegium* L.) essential oil [J/OL]. Antibiotics, 2021, 10 (10): 1266 [2025-01-27].

[33] MCCONNELL M J, ACTIS L, PACHÓN J. *Acinetobacter baumannii*: human infections, factors contributing to pathogenesis and animal models [J/OL]. FEMS Microbiology Reviews, 2013, 37 (2): 130-155 [2025-01-27].

[34] SÁNCHEZ-ENCINALES V, ÁLVAREZ-MARÍN R, PACHÓN-IBÁÑEZ M E, et al. Overproduction of outer membrane protein A (OmpA) by *Acinetobacter baumannii* is a risk factor for nosocomial pneumonia, bacteremia and mortality increase. [J/OL]. Journal of Infectious Diseases, 2017: jix010 [2025-01-27].

[35] LI M, ZHU L, LIU B, et al. Tea tree oil nanoemulsions for inhalation therapies of bacterial and fungal pneumonia [J/OL]. Colloids and Surfaces B: Biointerfaces, 2016, 141: 408-416 [2025-01-27].

[36] LI M, ZHU L, ZHANG T, et al. Pulmonary delivery of tea tree oil - β - cyclodextrin inclusion complexes for the treatment of fungal and bacterial pneumonia [J/OL]. Journal of Pharmacy and Pharmacology, 2017, 69

(11): 1458-1467 [2025-01-27].

[37] MIHU M R, SANDKOVSKY U, HAN G, et al. The use of nitric oxide releasing nanoparticles as a treatment against *Acinetobacter baumannii* in wound infections [J/OL]. Virulence, 2010, 1 (2): 62-67 [2025-01-27].

[38] BABATUNDE, M. A. Y, O. T. O, O. O. O. Synergistic efficacy, antimicrobial and wound healing potentials of milled persea americana seed / syzygium aromaticum oil against albino rats and wound isolates [J/OL]. International Journal of Research and Innovation in Applied Science, 2024, IX (V): 554-576 [2025-01-27].

[39] TAWFEEQ A A, MAHDI M F, ABAAS I S, et al. Isolation, quantification, and identification of rosmarinic acid, gas chromatography–mass spectrometry analysis of essential oil, cytotoxic effect, and antimicrobial investigation of rosmarinus officinalis leaves. [J/OL]. Asian Journal of Pharmaceutical and Clinical Research, 2018, 11 (6): 126 [2025-01-27].

[40] JAN S, RASHID M, ABD_ ALLAH E F, et al. Biological efficacy of essential oils and plant extracts of cultivated and wild ecotypes of *Origanum vulgare* L. [J/OL]. BioMed Research International, 2020, 2020 (1): 8751718 [2025-01-27].

[41] KARAOGLAN E S, GORMEZ A, YILMAZ B, et al. Composition and bioactivity of essential oil from Stachys macrostachya (Wend.) Briq [J/OL]. Anais da Academia Brasileira de Ciências, 2021, 93 (3): e20200641 [2025-01-27].

[42] NAMATA ABBA B, ILAGOUMA A T, AMADOU I, et

al. Chemical profiling, antioxidant and antibacterial activities of essential oil from *Englerastrum gracillimum* Th. C. E. Fries Growing in Niger [J/OL]. Natural Product Communications, 2021, 16 (3): 1934578X211002422 [2025-01-27].

[43] BEKKA-HADJI F, BOMBARDA I, DJOUDI F, et al. Chemical composition and synergistic potential of *Mentha pulegium* L. and *Artemisia herba* alba Asso. essential oils and antibiotic against multi-drug resistant bacteria [J/OL]. Molecules, 2022, 27 (3): 1095 [2025-01-27].

[44] 岳聪聪,李钰乐,郝小康,等.七种精油对多重耐药鲍曼不动杆菌的抑制作用[J].现代食品科技,2019,35(01):109-113,30.

[45] CELIK C, TUTAR U, KARAMAN I, et al. Evaluation of the antibiofilm and antimicrobial properties of *Ziziphora tenuior* L. essential oil against multidrug-resistant *Acinetobacter baumannii* [J/OL]. International Journal of Pharmacology, 2015, 12 (1): 28-35 [2025-01-27].

[46] INTORASOOT A, CHORNCHOEM P, SOOKKHEE S, et al. Bactericidal activity of herbal volatile oil extracts against multidrug resistant *Acinetobacter baumannii* [J/OL]. Journal of Intercultural Ethnopharmacology, 2017, 6 (2): 1 [2025-01-27].

[47] ABDOLRAHIMZADEH H, BOLANDPARVAZ S, ABBASI H R, et al. Antimicrobial survey of local herbal drugs against *Acinetobacter baumannii* Isolated from patients admitted to a level-I trauma center [J/OL]. Bulletin of Emergency and Trauma, 2018, 6 (4): 355-362 [2025-01-27].

[48] ROMAN H, NICULESCU A G, LAZĂR V, et al. Antibacterial efficiency of *Tanacetum vulgare essential* oil against ESKAPE pathogens and synergisms with antibiotics [J/OL]. Antibiotics, 2023, 12 (11): 1635 [2025-01-27].

[49] TAHERKHANI M. Chemical constituents, antimicrobial, cytotoxicity, mutagenic and antimutagenic effects of Artemisia ciniformis [J/OL]. Iranian Journal of Pharmaceutical Research: IJPR, 2016, 15 (3): 471-481 [2025-01-27].

[50] OLIVA A, GARZOLI S, SABATINO M, et al. Chemical composition and antimicrobial activity of essential oil of *Helichrysum italicum* (Roth) G. Don fil. (Asteraceae) from Montenegro [J/OL]. Natural Product Research, 2020, 34 (3): 445-448 [2025-01-27].

[51] VASCONCELOS N G, MALLMANN V, COSTA É R, et al. Antibacterial activity and synergism of the essential oil of *Nectandra megapotamica* (L.) flowers against OXA-23-producing *Acinetobacter baumannii* [J/OL]. Journal of Essential Oil Research, 2020, 32 (3): 260-268 [2025-01-27].

[52] MUJAWAH A A H, ABDALLAH E M, ALSHOUMAR S A, et al. GC-MS and in vitro antibacterial potential of Cinnamomum camphora essential oil against some clinical antibiotic - resistant bacterial isolates [J/OL]. European Review for Medical and Pharmacological Sciences, 2022, 26 (15): 5372-5379 [2025-01-27].

[53] FRATIANNI F, D' ACIERNO A, OMBRA M N, et al. Fatty acid composition, antioxidant, and in vitro anti-inflammatory activity of five cold-pressed prunus seed oils,

and their anti‐biofilm effect against pathogenic bacteria [J/OL]. Frontiers in Nutrition, 2021, 8: 775751 [2025-01-27].

[54] EL-SAID H, ASHGAR S S, BADER A, et al. Essential oil analysis and antimicrobial evaluation of three aromatic plant species growing in saudi arabia [J/OL]. Molecules, 2021, 26 (4): 959 [2025-01-27].

[55] M. Q. Z. Antimicrobial activity of essential oils of *Curcuma longa* and *Syzygium aromaticum* against multiple drug‐resistant pathogenic bacteria [J/OL]. Tropical Biomedicine, 2023, 40 (2): 174-182 [2025-01-27].

[56] ALEKSIC V, MIMICA‐DUKIC N, SIMIN N, et al. Synergistic effect of *Myrtus communis* L. essential oils and conventional antibiotics against multi‐drug resistant *Acinetobacter baumannii* wound isolates [J/OL]. Phytomedicine, 2014, 21 (12): 1666-1674 [2025-01-27].

[57] KNEZEVIC P, ALEKSIC V, SIMIN N, et al. Antimicrobial activity of *Eucalyptus camaldulensis* essential oils and their interactions with conventional antimicrobial agents against multi‐drug resistant *Acinetobacter baumannii* [J/OL]. Journal of Ethnopharmacology, 2016, 178: 125-136 [2025-01-27].

[58] SENGERA G O, KENANDA E O, ONYANCHA J M. Antibacterial, antioxidant potency, and chemical composition of essential oils from dried powdered leaves and flowers of *Hypericum revolutum* subsp. *keniense* (Schweinf.) [J/OL]. Evidence‐Based Complementary and Alternative Medicine, 2023, 2023 (1): 4125885

[2025-01-27].
[59] KAFA A H T, ASLAN R, CELIK C, et al. Antimicrobial synergism and antibiofilm activities of *Pelargonium graveolens* , *Rosemary officinalis* , and *Mentha piperita* essential oils against extreme drug-resistant *Acinetobacter baumannii* clinical isolates [J/OL]. Zeitschrift für Naturforschung C, 2022, 77 (3-4): 95-104 [2025-02-07].
[60] ROSSATO A, SILVEIRA L D S, LOPES L Q S, et al. Evaluation in vitro of antimicrobial activity of tucumã oil (Astrocaryum Vulgare) [J/OL]. Archives in Biosciences & Health, 2019, 1 (1): 99-112 [2025-01-27].
[61] ORCHARD A, MOOSA T, MOTALA N, et al. Commercially available viola odorata oil, chemical variability and antimicrobial activity [J/OL]. Molecules, 2023, 28 (4): 1676 [2025-01-27].
[62] JOYCHARAT N, THAMMAVONG S, VORAVUTHIKUNCHAI S P, et al. Chemical constituents and antimicrobial properties of the essential oil and ethanol extract from the stem of *Aglaia odorata* Lour. [J/OL]. Natural Product Research, 2014, 28 (23): 2169-2172 [2025-01-27].
[63] AQUINAS N, SUMAN E, B. D, et al. Effect of Cymbopogon citratus on biofilm production by multidrug resistant *Acinetobacter baumannii* [J/OL]. Biomedicine, 2022, 42 (6): 1243-1248 [2025-01-27].
[64] BOONYANUGOMOL W, KRAISRIWATTANA K, RUKSEREE K, et al. In vitro synergistic antibacterial activity of the essential oil from *Zingiber cassumunar* Roxb against extensively drug-resistant *Acinetobacter baumannii* strains

[J/OL]. Journal of Infection and Public Health, 2017, 10 (5): 586-592 [2025-01-27].

[65] ADUKWU E C, BOWLES M, EDWARDS-JONES V, et al. Antimicrobial activity, cytotoxicity and chemical analysis of lemongrass essential oil (Cymbopogon flexuosus) and pure citral [J/OL]. Applied Microbiology and Biotechnology, 2016, 100 (22): 9619-9627 [2025-01-27].

第9章 益生菌防治鲍曼不动杆菌进展

随着全球范围内抗生素耐药性的日益严重，鲍曼不动杆菌（*Acinetobacter baumannii*，Ab）作为一种重要的院内感染致病菌，其多重耐药、广泛耐药和全耐药的特性已成为全球公共卫生领域关注的焦点[1]。Ab的强大获得耐药性和克隆传播能力，使得其在全球范围内表现出流行趋势，对患者的住院时间、生存率以及医疗成本产生了极其不良的影响[2]。在与抗生素对峙的过程中，Ab呈现出多重耐药、泛耐药性的特点，其耐药机制复杂，治疗该类菌种所致疾病难度大[3]。因此，研究领域致力于开发新型抗菌药物对抗细菌耐药问题，但是新型药物的研发难以满足临床迫切需求[2]。中药因其药源广、多靶点的独特优势被广泛应用于抗感染治疗，在协同抗菌及逆转细菌耐药性方面表现出较好的发展潜力[2]。中药单体凭借抗药性低、副作用少等优势，逐渐被用于Ab感染性疾病治疗中[4]。中药单体除可具有杀菌作用外，还可能通过细菌黏附相关基因的表达、改变生物被膜通透性等作用而发挥抗生物被膜效应[4]。此外，许多单味中药具有抑菌和杀菌作用，有些中药可作用于抗菌的多个环节，甚至逆转细菌耐药[5]。近年来，益生菌在调节肠道微生态及提高宿主免疫力方面展现出良好的潜力，尤其是中药益生菌的发酵技术为抑制这一病原菌提供了新的思路。

中药含有多种复杂的化学成分，如生物碱、黄酮类化合物、萜类化合物和多糖等，其活性成分具有一定的抗菌潜力，但往往存在活性成分含量低、吸收和生物利用度差等问题[6]。在中国，人类常用的益生菌包括双歧杆菌、乳酸菌、链球菌、乳酸菌、枯草杆菌和克鲁维氏酵母等[7]。乳杆菌可用于治疗由细菌引起的肠道感染,刺激身体的体液和细胞免疫系统,减少炎症,促进胃肠道蠕动,预防抑郁并缓解乳糖不耐受[8]。与乳酸菌类似,双歧杆菌是人类和动物肠道中发现的重要生理细菌。它在一系列生理过程中扮演着重要角色,如免疫[9]、营养[10]、消化[11]和保护[12]。研究表明,益生菌可以改善情绪和认知,减轻肥胖、糖尿病、胃肠道疾病和心血管疾病,并干扰肿瘤和其他疾病的发病和进展[13]。益生菌则是宿主体内的有益活微生物,可通过发酵过程对中药进行生物转化。在发酵过程中,益生菌分泌的酶类作用于中药的大分子物质,分解、转化其中成分,使有效成分更易被吸收利用,同时可能产生新的活性成分或代谢产物,这些物质协同作用,增强了对病原菌的抑制效果[6]。

一、对中药成分结构修饰及活性改变

对中药成分进行结构修饰,改变其活性或增强其抗菌活性[14],例如,通过植物乳杆菌 RM1 发酵沙棘,沙棘汁的总酚类和黄酮含量显著增加,抗氧化、抗菌、ACE 抑制和抗癌活性也显著增强[15];使用 SLV(鼠李糖乳杆菌、罗伊氏乳杆菌和贝莱斯芽孢杆菌)、SZP(鼠李糖乳杆菌、植物乳杆菌和地衣芽孢杆菌)和 SZVP(鼠李糖乳杆菌、植物乳杆菌、贝莱斯芽孢杆菌和地衣芽孢杆菌)发酵枸杞汁,改变了枸杞汁的酚类组成,抗氧化能力与自由态酚类的含量强烈相关[16];发酵山楂葛根制剂乳酸菌菌株 ACBC271 配方可以改善山楂葛根配方的活性成分、抗氧化活性和风味,特别是在心血管疾病患者中[17];双歧杆菌动物亚种乳酸菌 HN-3 发酵沙棘果汁,发酵后的沙棘果汁总酚类含量和抗氧化能力显著提高,许多次级代谢物的生物活性增强[18];枯草芽孢杆菌和双歧杆菌对 COF 山茱萸果实枯草芽孢杆菌发酵显著降低了熊果酸和齐墩果酸的含量,但对马钱苷无影响;双歧杆菌发酵对这些成分的影响不显著。两种菌株的发酵均显著增加了没食子酸的含量[19]。植物乳杆菌 KCCM 11613P 发酵红参提取物（RGE），RGE 中的人参皂苷 Rb2 和 Rb3 在发酵过程中转化为人参皂苷 Rd，未发酵的 RGE 中 Rb2 含量为 52.67mg/kg，Rb3 含量为 19.11mg/kg；发酵后，Rb2 未检测到，Rb3 含量增至 149.86mg/kg，同时新检测到人参皂苷 Rd，含量为 55.74mg/kg。发酵后 RGE 的总酚含量从（35.16±0.12）mg GAE/g 增加到（37.67±0.37）mg GAE/g[20]。植物乳杆菌已被用于发酵的中国矮樱桃果汁（OF），OF 中的总酚和黄酮含量显著高于未发酵果汁，发酵后果汁中的乙酸、异丁酸和丁酸含量较高[21]。利莫西乳杆菌发酵人参，人参多糖的含量从 118.1 mg/g 增加到 320.2 mg/g，并且 8 种人参皂苷的含量也显著增加[22]。益生菌与中药发酵过程中通过增加有效化合物的含量、改变其结构、活性并产生新化合物，增加抗菌能力，达到治疗效果。

二、对抗菌活性的影响

研究表明，副干酪乳杆菌 HP7 和甘草发酵降低了幽门螺杆菌密度并改善了组织学炎症，13C-尿素呼气试验（UBT）定量值从 20.8%±13.2%降至 16.9%±10.8%，仅在治疗组观察到慢性炎症显著改善，而安慰剂组的中性粒细胞活性显著恶化[23]。发酵姜黄汁对 10 种食物中毒病原体的抗菌活性，并发现其有效性在使用 L. plantarum RM1 发酵后有所提高，发酵过程中酚含量和酸度的增加似乎增强了发酵姜黄汁的抗菌潜力[15]；用黑曲霉发酵的香草醛提取物表现出对多种测试菌株（大肠杆菌、金黄色葡萄球菌、枯草杆菌、表皮葡萄球菌、痤疮丙酸杆菌、糠秕状表皮癣菌和耐甲氧西林金黄色葡萄球菌）的增强抗菌活性，与未发酵提取物相比显著增加了 8~20 倍[24]；发酵显著提高了紫苏叶子的总酚和总黄酮含量，并增强了其抗氧化、抗菌、抗癌和免疫调节活性[25]。研究表明，蜂蜜-植物乳杆菌配方不仅能够有效抑制多种病原菌的生长和生物膜形成,还能通过调节相关基因表达来增强抗菌效果[26];益生菌乳酸菌株在与大蒜提取物结合时能够增强对沙门氏菌的抗菌活性[27],可类比推测在中药益生菌发酵体系中,若存在类似的协同增效组合成分,对致病菌产生较强的抑制作用,具体见图9-1中药益生菌发酵产物的作用机制。

三、对炎症因子和免疫调节的影响

通过免疫调节和促进或抑制炎症因子,增强抗菌作用。植物乳杆菌已被用于发酵的OF,可以增加短链脂肪酸和分泌型免疫球蛋白A的水平,改善了环磷酰胺(CTX)免疫抑制小鼠的免疫功能和肠道黏膜屏障[28];某些中药益生菌发酵产物能够有效降低炎症因子的分泌,例如,乳酸菌NCU116发酵的芦笋多糖(FAOP),FAOP显著降低了血清和肝脏中的AST、ALT、AKP和LDH水平,并减少了TNF-α和IL-1β的分泌,增加了IFN-γ的水平[29];红参发酵双歧杆菌动物亚种乳酸菌LT 19-2,发酵红参(FRG)显著增加了RAW264.7小鼠巨噬细胞的TNF-α和IL-6分泌水平,并激活了p38、ERK、JNK和NF-κB信号通路;促进了脾细胞的增殖,并在骨髓源性巨噬细胞中诱导了TNF-α和IL-6的产生[30];如用植物乳杆菌发酵姜黄,可提高姜黄含量并使其具有抗炎活性,抑制相关炎症信号通路[31];杨等人发现,通过乳酸菌发酵姜黄,显著提高了姜黄的含量9.76%,并且与未发酵的姜黄相比,有效地降低了RAW 246.7细胞中促凋亡肿瘤坏死因子-a和Toll样受体-4的表达[32]。植物乳杆菌发酵纹党参,纹党参发酵液(FCR)降低了血清中TNF-α、IL-1β、MPO的活性,增加了IL-10的活性,表现出较好的抗炎活性[21]。植物乳杆菌发酵人参能显著抑制炎症因子TLR4和NF-kB的表达[33]。利莫西乳杆菌发酵人参,发酵人参组大鼠结肠中IL-1β、IL-6和TNF-α的表达水平显著降低,而IL-10的表达水平显著增加[22]。嗜酸乳杆菌(*L. acidophilus*)发酵枣汁（FJJ），FJJ 显著抑制了 CCl4 引起的 NLRP3、IL-1β、Caspase-1 和 TNF-α 等炎症因子的表达[34]。嗜酸乳杆菌发酵蒲公英（LAFD），LAFD 显著降低了血清中的 IL-1β、IL-6 和 TNF-α 水平，减轻了炎症反应[35]。干酪乳杆菌（LC）发酵牛蒡根（AR），显著降低了血清中肿瘤坏死因子-α（TNF-α）和白细胞介素-6（IL-6）水平，具有抗炎作用[36]。植物乳杆菌 ELF051 与黄芪多糖，使 sIgA 和 IgG 水平显著增加，IL-17A 水平显著降低，表明免疫系统得到调节[37]。综上所述，益生菌中药发酵产物能够通过抑制 TNF-α 和 IL-1β、IL-1β、IL-6、MPO 等炎症因子的表达，促进 IFN-γ、IL-10 等炎症因子的表达，来调节免疫反应，达到对抗细菌感染的作用。

四、对肠道菌群的影响

某些益生菌发酵可使中药中的难溶性成分转化为可溶性成分，提高其生物利用度（图 9-1）。例如，植物乳杆菌发酵纹党参 FCR 有效调节了肠道菌群，增加了拟杆菌门的相对丰度，减少了粪异杆菌属的相对丰度，恢复了肠道微生物群的平衡[21]；通过肠道菌群调节，例如，益生菌发酵的 TCHM 已被证明可以显著改善肠道微生物群落，这可能是它发挥有益效应的关键机制之一[34]。在一些研究中发现，四妙勇安汤发酵枯草芽孢杆菌，发酵后的四妙勇安汤显著促进了肠道益生菌双歧杆菌和乳酸杆菌的生长，抑制了病原菌埃希氏菌和阿利斯特菌的生长，并维持了 SD 大鼠肠道微生物群的平衡[14]；鼠李糖乳杆菌 ELF051 和黄芪多糖联合使用通过增强肠道屏障功能和调节肠道菌群组成，显著改善了 AAD 小鼠的症状[22]；植物乳酸杆菌发酵人参可以缓解抗生素相关性腹泻，减轻结肠炎症，并恢复肠道菌群至正常状态[22]；植物乳杆菌 ZKLp100 发酵的甘草提取物通过抑制 TLR4/NF-kB 通路和重建肠道菌群，显著缓解了 UC 小鼠的临床症状、炎症和氧化应激，并改善了肠道屏障功能[38]。植物乳杆菌已被用于发酵的 OF，OF 显著增加了肠道中有益菌的丰度，如 *Lachnospiraceae*、*Roseburia* 和 *Akkermansia*，并提高了短链脂肪酸的水平[21]。利莫西乳杆菌发酵人参显著增加了肠道菌群的多样性和丰富度，使某些有益菌株（如 *Lactobacillus* sp. 和 *Candidatus Stoquefichus* sp.）显著增加，而有害菌株（如 *Bacteroides* sp. 和 *Clostridioides* sp.）显著减少[22]。嗜酸乳杆菌（*L. acidophilus*）发酵枣汁（FJJ），FJJ 显著改善了小鼠慢性肝损伤（CLI）小鼠的肠道微生物组失衡，增加了有益菌（如 *Parabacteroides*、*Harryflintia*）的丰度，减少了有害菌（如 *Desulfovibrio*、*Mucispirillum*）的丰度[34]。嗜酸乳杆菌发酵蒲公英（LAFD），LAFD 恢复了高尿酸血症（HUA）小鼠肠道菌群的多样性，增加了肠道菌群的 α 多样性和 β 多样性，显著减少了 Bacteroidota 的相对丰度，增加了 Firmicutes 的相对丰度[35]。干酪乳杆菌（LC）发酵牛蒡根（AR），显著改变了肠道菌群的组成，降低了厚壁菌门（Firmicutes）与拟杆菌门（Bacteroidetes）的比例，增加了有益菌如 *Lachnospiraceae* 和 *Muribaculaceae* 的相对丰度[36]。植物乳杆菌 ELF051 与黄芪多糖，DAO、D-LA 和 LPS 水平显著降低，Occludin、Claudin-1、ZO-1 和 MUC-2 的表达水平显著增加，肠道菌群多样性显著提高，Firmicutes 和 Bacteroidetes 的相对丰度得到调节，表明肠道屏障通透性得到改善、肠道屏障功能蛋白得到修复、肠道菌群结构得到恢复[37]。总结，益生菌中药发酵产物通过增加了肠道中有益菌（*Lachnospiraceae*、*Roseburia* 和 *Akkermansia* 等）的丰度，减少了有害菌（*Firmicutes*、*Bacteroidetes* 等）的丰度，调控肠道菌群的平衡，间接地影响了炎症水平，达到治疗效果。

尽管目前对中药益生菌发酵抑制鲍曼不动杆菌的机制有了一定了解，但仍需进一步深入研究。例如，对于发酵过程中产生的新活性成分或代谢产物的具体抗菌机制，以及它们与细菌细胞内靶点的相互作用细节还不清楚。需要运用更先进的技术手段，如分子生物

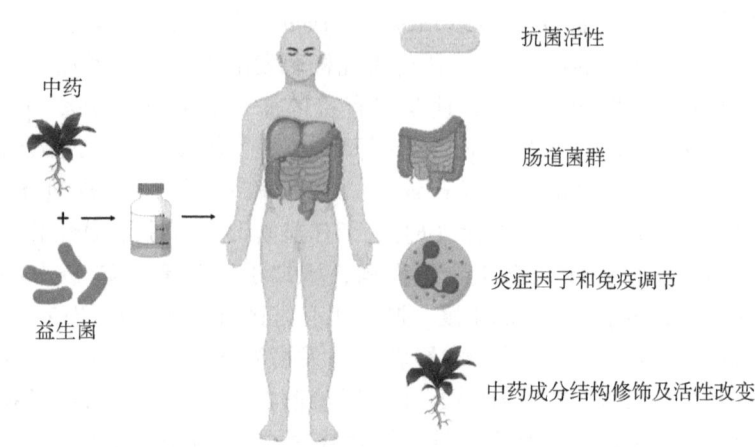

图 9-1　中药益生菌发酵产物的作用机制

学技术、蛋白质组学和代谢组学等，深入探究其分子机制，明确各成分之间的协同作用模式，为开发更有效的抗菌药物提供理论依据。

对于专门针对鲍曼不动杆菌的抑制研究，在发酵工艺优化方面尚未成熟，不同的发酵条件（如温度、湿度、发酵时间、中药与益生菌的比例等）抑制鲍曼不动杆菌的质量和效果影响还需深入探究。在作用机制研究上，虽然有对一般抗菌机制的了解，但针对鲍曼不动杆菌的分子水平作用机制仍有待进一步揭示。在临床应用方面，其作为一种新型抗菌制剂，安全性、有效性评价体系还不完善。然而，随着对中药益生菌发酵研究的不断深入，其在抑制鲍曼不动杆菌方面具有广阔的应用前景。通过进一步优化发酵工艺，深入研究其作用机制，完善安全性和有效性评价体系，有望开发出高效、稳定、安全的中药益生菌发酵抗菌制剂，为解决鲍曼不动杆菌耐药性问题提供新的途径和方法，在未来的抗菌药物研发领域占据重要地位并发挥积极作用。

参考文献

[1] 清泉,赵京霞,郭玉红,等. 鲍曼不动杆菌耐药机制及相关中药研究进展 [J]. 世界中医药, 2016, 11 (10): 1961-1965.

[2] 高婷,伊茂礼,赵泉,等 中药逆转鲍曼不动杆菌耐药性研究进展 [J]. 临床医学进展, 2023, 13 (9): 14389-14395.

[3] 崔煦然,赵京霞,郭玉红,等. 鲍曼不动杆菌耐药机制及相关中药研究进展 [J]. 世界中医药, 2016, 11 (10): 1961-1965.

[4] 费露颖,钱义明,胡冠宇,等. 鲍曼不动杆菌生物被膜形成机制及中药单体干预作用的研究进展 [J]. 中国病原生物学杂志, 2024, 19 (9): 1109-1111.

[5] 程成,张薇,朱波,等. 中药抗常见耐药菌的作用及其机制研究进展 [J]. 南京中医药大学学报, 2019, 35 (2): 229-233.

[6] YANG Z, CHEN K, LIU Y, et al. Regulation and analysis of Simiao Yong'an decoction fermentation by *Bacillus subtilis* on the diversity of intestinal microbiota in Sprague-Dawley rats [J]. VET WORLD, 2024, 3 (17): 712-719.

[7] YANG H H L L. Probiotic fermentation of herbal medicine: progress, challenges, and opportunities [J]. AM J CHINESE MED, 2023, 5 (51): 1105-1126.

[8] TIM HENDRIKX Y D Y W. Bacteria engineered to produce IL22 in intestine induce expression of REG3G to reduce ethanol-induced liver disease in mice [J]. Europe PMC Funders Group, 2020.

[9] 赵雯,刘伟贤,张海斌,等.乳双歧杆菌 BL-99 以及副干酪乳酪杆菌 ET-22 增强小鼠免疫功能的研究 [J].中国乳品工业, 2021, 49 (11): 13-18.

[10] ZHANG Q L M L. Oral bifidobacterium longum expressing GLP-2 improves nutrient assimilation and nutritional homeostasis in mice. [J]. J MICROBIOL METH, 2018, 14 (5): 87-92.

[11] ZACARIAS M F, BINETTI A, BOCKELMANN W, et al. Safety, functional properties and technological performance in whey-based media of probiotic candidates from human breast milk [J]. Int Microbiol, 2019, 22 (2): 265-277.

[12] 梁小玲,刘烈刚,李晓琴.乳双歧杆菌 BI-04 的安全性及健康效应 [J].营养学报, 2023, 45 (2): 127-132.

[13] KHALEEL S M, SHANSHAL S A, KHALAF M M. The role of probiotics in colorectal cancer: a review [J]. J Gastrointest Cancer, 2023, 54 (4): 1202-1211.

[14] EL-SOHAIMY S A, SHEHATA M G, MATHUR A, et al. Nutritional evaluation of sea buckthorn "Hippophae rhamnoides" berries and the pharmaceutical potential of the fermented juice [J]. Fermentation, 2022, 8 (8): 391.

[15] LIU Y, CHENG H, LIU H, et al. Fermentation by multiple bacterial strains improves the production of bioactive compounds and antioxidant activity of Goji juice [J]. Molecules, 2019, 24 (19).

[16] LIU F, SONG M, WANG X, et al. Optimizing the liquid-state fermentation conditions used to prepare a new Shan-Zha-Ge-Gen formula-derived probiotic [J]. Journal

of Food Processing and Preservation.

[17] A Y W, A H L, B X L, et al. Widely targeted metabolomics analysis of enriched secondary metabolites and determination of their corresponding antioxidant activities in Elaeagnus orientalis Linn. fruit juice enhanced by Bifidobacterium animalis subsp. lactis HN-3 fermentation [J]. 2021.

[18] ZHOU X, ZHAO Y, Dai L, et al. *Bacillus subtilis* and *Bifidobacteria bifidum* fermentation effects on various active ingredient contents in cornus officinalis fruit [J]. Molecules, 2023, 28 (3).

[19] JUNG J, JANG H J, EOM S J, et al. Fermentation of red ginseng extract by the probiotic *Lactobacillus plantarum* KCCM 11613P: ginsenoside conversion and antioxidant effects [J]. Journal of Ginseng Research, 2017, 43 (1).

[20] 王海娟, 李君翔, 梁一博, 等. 植物乳杆菌发酵纹党参对急性胃溃疡大鼠胃黏膜的保护作用 [J]. 中国中药杂志, 2024 (18).

[21] QINGSONG Q, CHONGYAN Z, CUITING Y, et al. *Limosilactobacillus fermentum* - fermented ginseng improved antibiotic-induced diarrhoea and the gut microbiota profiles of rats [J]. Journal of Applied Microbiology, 2022 (6): 6.

[22] YOON J, CHA J, HONG S, et al. Fermented milk containing *Lactobacillus paracasei* and *Glycyrrhiza glabra* has a beneficial effect in patients with *Helicobacter pylori* infection [J]. Medicine, 2019, 98.

[23] WU L, CHEN C, CHENG C, et al. Evaluation of tyrosi-

nase inhibitory, antioxidant, antimicrobial, and antiaging activities of *Magnolia officinalis* extracts after aspergillus niger fermentation [J]. BioMed Research International, 2018, 2018: 1-11.

[24] VIJAYALAKSHMI S, YOO D S, KIM D G, et al. Fermented Perilla frutescens leaves and their untargeted metabolomics by UHPLC-QTOF-MS reveal anticancer and immunomodulatory effects [J]. Food Bioscience, 2023, 56.

[25] LI M, XIAO H, SU Y, et al. Synergistic inhibitory effect of honey and *Lactobacillus plantarum* on pathogenic bacteria and their promotion of healing in infected wounds [J]. Pathogens, 2023, 12 (3).

[26] FADARE O S, SINGH V, ENABULELE O I, et al. In vitro evaluation of the synbiotic effect of probiotic Lactobacillus strains and garlic extract against Salmonella species [J]. LWT, 2022, 153: 112439.

[27] GUO C E, CUI Q, CHENG J, et al. Probiotic-fermented Chinese dwarf cherry [Cerasus humilis (Bge.) Sok.] juice modulates the intestinal mucosal barrier and increases the abundance of Akkermansia in the gut in association with polyphenols-ScienceDirect [J]. Journal of Functional Foods, 80.

[28] ZHANG X, MIAO Q, PAN C, et al. Research advances in probiotic fermentation of Chinese herbal medicines [J]. iMeta, 2.

[29] KIM, DOO, JEONG, et al. Enhancing immunomodulatory function of red ginseng through fermentation using *Bifidobacterium animalis* Subsp. lactis LT 19-2 [J]. Nu-

trients, 2019, 11 (7): 1481.

[30] HAO-YU Y, LIN H, YI-QUN Z X L T. Probiotic fermentation of herbal medicine: progress, challenges, and opportunities [J]. The American journal of Chinese medicine, 2023, 51 (5): 1105-1126.

[31] LUO X, DONG M, LIU J, et al. Fermentation: improvement of pharmacological effects and applications of botanical drugs [J]. Frontiers in Pharmacology, 2024, 15.

[32] QU Q, YANG F, ZHAO C, et al. Effects of fermented ginseng on the gut microbiota and immunity of rats with antibiotic-associated diarrhea [J]. J Ethnopharmacol, 2021, 267: 113594.

[33] ZHANG Y, FANG H, WANG T, et al. *Lactobacillus acidophilus*-Fermented Jujube Juice Ameliorates Chronic Liver Injury in Mice via Inhibiting Apoptosis and Improving the Intestinal Microecology [J]. Molecular Nutrition & Food Research, 2024, 68 (4).

[34] MA Q, CHEN M, LIU Y, et al. *Lactobacillus acidophilus* fermented dandelion improves hyperuricemia and regulates gut microbiota [J]. Fermentation, 2023, 9 (4): 352.

[35] CHEN M, WU Y, YANG H, et al. Effects of fermented *Arctium lappa* L. root by *Lactobacillus casei* on hyperlipidemic mice [J]. Front Pharmacol, 2024, 15: 1447077.

[36] ZHONG B, LIANG W, ZHAO Y, et al. Combination of *Lactiplantibacillus Plantarum* ELF051 and *Astragalus Polysaccharides* improves intestinal barrier function and gut microbiota profiles in mice with antibiotic-associated diarrhea [J]. Probiotics Antimicrob Proteins, 2024.

[37] HU F, CHEN J, XU Y, et al. Fermented licorice extract alleviates ulcerative colitis by inhibiting the TLR4/NF-KB pathway and rebuilding intestinal microbiota in mice [J]. Food Bioscience, 2024, 61: 104918.